1. Das Fernrohr kennen lernen

Optik 3
- Refraktor 4
- Reflektor 6
- Katadioptrische Systeme 8

Montierung 10
- Azimutale Montierung 10
- Parallaktische Montierung 13

Stativ 16

Zubehör 17
- Visiereinrichtung/Sucher 17
- Taukappe, Vibrationsdämpfer 18
- Nachführmotor 19
- Teleskop/Goto-Steuerung 20
- Okulare, Binokularansatz 22
- Prismen, Linsen 28
- Okular-/Sonnenfilter 31

Fotoausrüstung 36
- Kameras 36
- Kamera-Adapter 40
- Astrofotografie-Hilfsmittel 42

2. Die Fernrohrleistung einschätzen

Lichtsammelvermögen 47

Austrittspupille 49

Auflösungsvermögen 50

Vergrößerung 52
- Tipps für die Okularwahl 53
- Seeing 54

Obstruktion 55

Transmission und Reflektivität 56

Bildfehler 57

Oberflächenqualität 58
- Test der Optik 59
- Optikfehler im Sterntest 60

Kollimation und Justage 61
- Justage eines Newton-Teleskops 61

Pflege und Reinigung 64

3. Das Fernrohr benutzen

Beobachtungsvorbereitung 66

Beobachtungsplatz 68

Aufbauen und Ausrichten 71
- Einnorden 73
- Goto-Initialisierung 75

Aufsuchen 76
- Starhopping 76
- Sternzeit-Methode 78
- Koordinaten-Methode 79
- Goto-Methode 80

Gesichtsfeld 81

Beobachtungstechniken 83

Zeichnen 85

Astrofotografie 88
- Mitgeführte Kamera 89
- Fokalfotografie 90
- Okularprojektion 92
- Videoastronomie 93

Beobachtungsnacht 95

Entfernungsangaben 96

Helligkeitsangaben 96

Größenangaben 97

Nomenklatur 98

Das Sonnensystem 99
- Mond, Sonne 100
- Merkur, Venus, Mars 108
- Jupiter, Saturn, Uranus 112
- Zwergplaneten, Kometen 116

Deep-Sky-Objekte 119
- Orionnebel 120
- Lagunennebel 122
- h und chi, Plejaden 124
- Algol, Mizar/Alkor 128
- Albireo 132
- Crab-Nebel 134
- Ringnebel 136
- Herkuleshaufen 138
- Andromedagalaxie 140
- Strudelgalaxie 142

Tipps und Tabellen

Fernrohr-Besitzer-Tipps 144
- Allgemein 144

Verbesserungen für Kaufhaus-Teleskope 145

Astro-Bibliothek 147

Planetenstellungen 148

Astronomische Ereignisse 149

Die geographischen Koordinaten großer Städte im deutschen Sprachgebiet 150

Doppelsterne zum Test des Auflösungsvermögens 150

Helle Deep-Sky-Objekte 151

Die Sternbilder 152

Zeichenschablone 154

Glossar 156

Stichwortverzeichnis 158

Erster Schritt: Das Fernrohr kennen lernen

Ein Fernrohr (auch Teleskop genannt, von griech. »weit sehen«) besteht aus drei Teilen:

- **Optik:** Das eigentliche Fernrohr, bestehend aus Teleskoptubus mit Linsenobjektiv oder Spiegel und Okularauszug.

- **Montierung:** Vorrichtung mit zwei beweglichen Achsen, die die Ausrichtung und Bewegung des aufgesattelten Instruments erlaubt.

- **Stativ:** Unterbau, der Montierung und Teleskop trägt, oft ein Holz- oder Alu-Dreibein, kann auch eine Säule sein.

Abb. 1-1: Moderne Fernrohre mit Montierung und Stativ – links ein Refraktor, rechts ein Reflektor.

Optik

Der Körper eines Fernrohres besteht grundsätzlich aus dem Objektiv, dem Tubus, und dem Okularauszug, der das Okular (lat. »Augenstück«) aufnimmt. Je nach der Art des Objektives unterscheidet man zwischen Linsen- oder Spiegelteleskop. Linse oder Spiegel haben jeweils die Aufgabe, Licht einer weit entfernten Quelle zu sammeln und in einem Brennpunkt zu vereinen. Das dadurch entstehende vergrößerte Bild des betrachteten Objektes wird mit dem Okular wie mit einer Lupe nachvergrößert. Mit verschiedenen Okularstärken erreicht man verschiedene Vergrößerungen. Alle astronomischen Teleskope erzeugen ein Bild, das zum Anblick mit bloßem Auge um 180° gedreht ist, oben und unten sowie rechts und links sind also vertauscht.

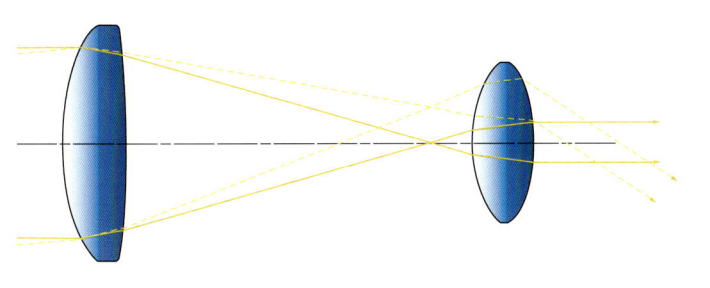

Abb. 1-2: Das Prinzip der Fernrohroptik: Die aus dem Unendlichen kommenden parallelen Lichtstrahlen werden vom Objektiv fokussiert und mit einem Okular vergrößert.

Übersicht der wichtigsten Teleskop-Optik-Typen

Art	Typ	Beschreibung
Refraktor	verkitteter Achromat	Linsenfernrohr aus zwei vekitteten Linsen, Farbfehler deutlich
	Fraunhofer	Linsenfernrohr aus zwei Linsen mit Luftspalt, Farbfehler mäßig
	Apochromat	Linsenfernrohr aus zwei oder mehr Linsen, Farbfehler gering
Reflektor	Newton	Spiegelfernrohr, Einblick seitlich am vorderen Ende
	Cassegrain	Spiegelfernrohr, Einblick hinten durch Loch im Hauptspiegel
Katadioptrisch	Schmidt-Cassegrain	Spiegel-Linsen-Fernrohr, Einblick wie Cassegrain, plus Korrektionsplatte
	Maksutov-Cassegrain	Spiegel-Linsen-Fernrohr, Einblick wie Cassegrain, plus Meniskuslinse
	Schmidt-Newton	Spiegel-Linsen-Fernrohr, Einblick wie Newton, plus Korrektionsplatte
	Maksutov-Newton	Spiegel-Linsen-Fernrohr Einblick wie Newton, plus Meniskuslinse

▪ Refraktor

Als Refraktor wird ein Teleskop bezeichnet, dessen Objektiv aus einer Glaslinse besteht, die das einfallende Licht zum Brennpunkt bricht (lat. frangere: brechen). Dieser Teleskoptyp ist derjenige, der für die meisten Menschen nach »klassischem Fernrohr« aussieht: In einem langen Tubusrohr ist vorne die Linse eingefasst, das andere Rohrende trägt den Okularauszug, in den das Okular eingesteckt wird. Diese Bauweise wird auch bei kleinen Taschenfernrohren und Ferngläsern angewandt.

Die Linsenteleskope haben den Nachteil, dass sie verschiedenfarbiges Licht nicht im selben Brennpunkt fokussieren können. Das Ergebnis sind farbige Säume um helle Objekte, die als chromatische Aberration (siehe Schritt 2) bezeichnet wird. Um diesen Fehler zu vermindern, bestehen die meisten Amateurfernrohre aus zwei Linsen verschiedener Glassorten, die ermöglichen, dass zumindest zwei Farben im selben Punkt fokussiert werden. Solche Objektive werden Achromate genannt, solche mit nur einer

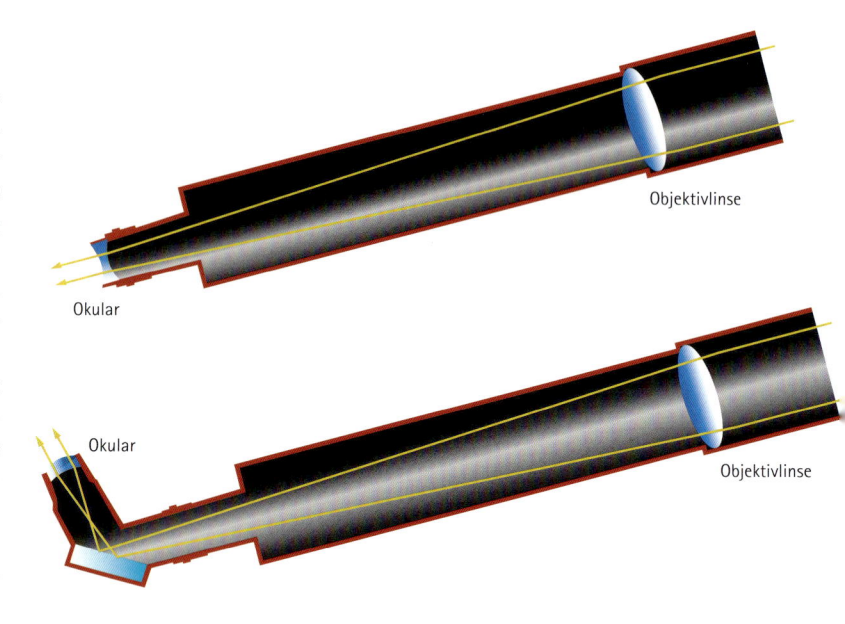

Abb. 1-3: Strahlengang eines Refraktors nach Galilei (oben) und nach Kepler (unten).

Refraktortyp	Objektiv	Glassorte	Glas-Luft-Grenzflächen
normaler Achromat (C)	2 verkittete Linsen	Kronglas, Flintglas (Borkron, Schwerflint)	2
Fraunhofer-Achromat (E, FH)	2 Linsen mit Luftspalt	Kronglas, Flintglas (Borkron, Schwerflint)	4
Halbapochromat (AS)	2 Linsen mit Luftspalt	Kalziumflintglas, Kronglas (Kurzflint, Borkron)	4
Vollapochromat	2 oder mehr Linsen mit/ohne Luftspalt	verschieden	2–6
ED-Apochromat (ED)	2 Linsen mit Luftspalt	eine Linse Extra-Low-Dispersion-Glas	4
Fluorit-Apochromat (FL)	2 verkittete Linsen	eine Linse Fluoritkristall	2

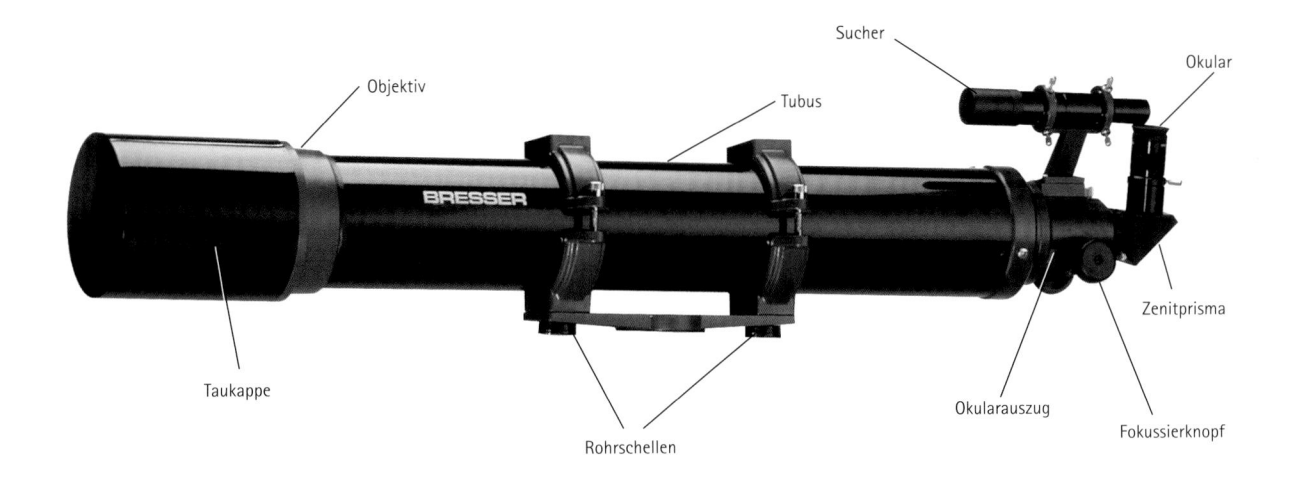

Abb. 1-4: Einzelteile eines Refraktortubus (oben). Der Beobachter blickt am hinteren Ende in das Okular.

Einzellinse Chromate (griech. chroma: Farbe). Das gängigste achromatische Objektiv besteht aus zwei verkitteten Linsen. Ein Fraunhofer-Achromat besteht dagegen aus zwei Linsen mit dazwischen liegendem Luftspalt.
Apochromate sind Linsenteleskope, die sogar drei Farben im selben Punkt fokussieren können. Hier sind praktisch keine Farbsäume mehr sichtbar. Die meisten heute als Apochromate beworbenen Refraktoren sind aber eigentlich Halbapochromate, deren Abbildung zwischen dem eines Fraunhofer-Objektivs und eines echten Apochromaten liegt.

Zur Vermeidung von störenden Reflexionen im Tubus sind in diesem sogenannte Rohrblenden angebracht. Der Okularauszug besteht normalerweise aus einem Rohr, das mittels Zahn und Trieb in das Teleskoprohr eingeschoben wird. Das Verstellen erlaubt der doppelte Rändelknopf. Die Okularhülse, fest mit dem Okularauszug verbunden, nimmt das Okular auf, das einfach eingesteckt wird.

Der vordere Tubusteil eines Refraktors ragt über die Objektivlinse hinaus, damit sich in feuchten Nächten Tau hier und nicht auf der Objektivlinse niederschlägt. Er wird auch als Taukappe bezeichnet.

■ **Reflektor**

Als Reflektoren werden allgemein Spiegelteleskope bezeichnet. Es gibt mehre gängige Konstruktionstypen, die wichtigsten Typen sind das Newton- und das Cassegrain-Teleskop.

Beim Newton-System blickt man am oberen Tubusende in das Okular. Der sogenannte Hauptspiegel liegt am unteren Ende des Tubus, er sammelt und fokussiert das Licht. Vorne im Teleskop ist an einer Halterung, der sogenannten Spinne, der Fangspiegel angebracht; er wirft das Licht in den seitlich angebrachten Okularauszug.

Beim Cassegrain-Teleskop ist der Okularauszug wie beim Refraktor am hinteren Tubusende. Der Hauptspiegel besitzt eine zentrale Bohrung, ist also ringförmig. Das stört nicht, da der am oberen Tubusende sitzende Fangspiegel die Mitte des Hauptspiegels sowieso abdeckt. Der Fangspiegel wirft die vom Hauptspiegel gebündelten Strahlen nicht wie beim Newton-Teleskop zur Seite, sondern direkt zurück. Deshalb kann man in Cassegrain-Teleskoptuben längere Brennweiten als in Newton-Rohren unterbringen,

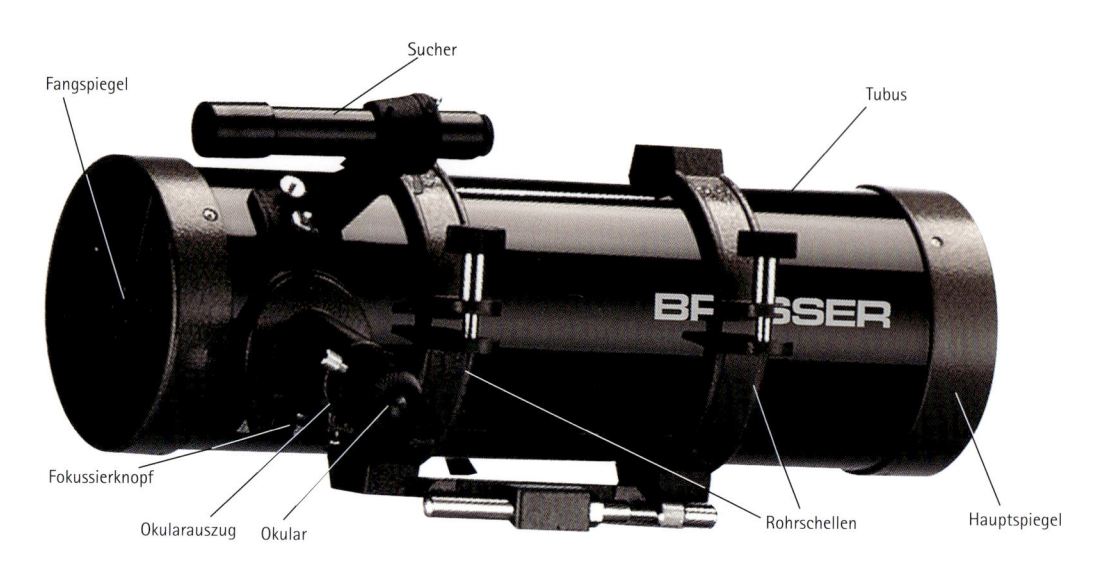

Abb. 1-5: Einzelteile eines Newton-Tubus (oben). Der Beobachter blickt am vorderen Ende seitlich in das Okular.

Spiegel-Glassorten	Farbe	Eigenschaften
Fensterglas (float glass)	grünlich	große Wärmeausdehnung
Plate-Glass	weiß, nicht klar	große Wärmeausdehnung
Borkron (z.B. Bk-7)	weiß, glasklar	große Wärmeausdehnung
Pyrex	blass olivfarben	geringe Wärmeausdehung
Zerodur	braun, milchig	fast keine Wärmeausdehnung

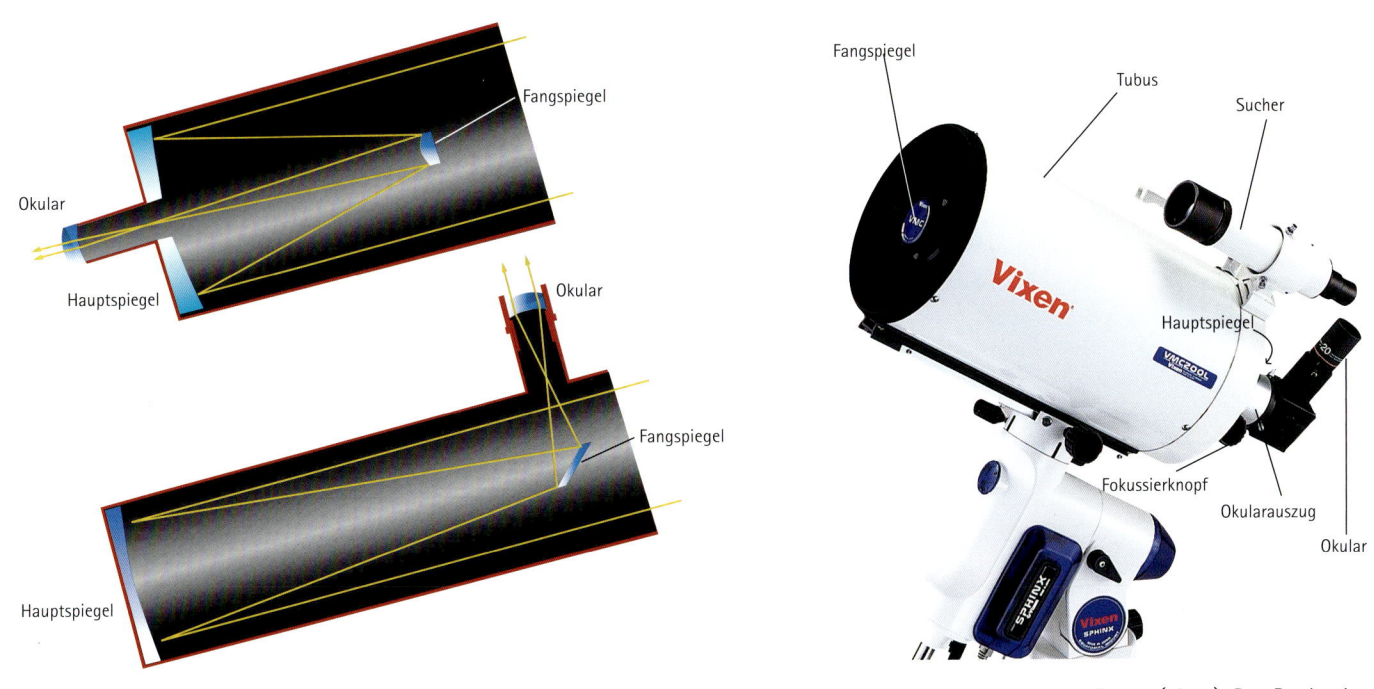

Abb. 1-6: Strahlengang eines Cassegrain-Reflektors (oben) und eines Newton-Reflektors (unten).

Abb. 1-7: Einzelteile eines Cassegrain-Tubus (oben). Der Beobachter blickt am hinteren Ende in das Okular.

ein Cassegrain ist also kürzer als ein Newton mit gleicher Brennweite.

Die Spiegelteleskope mit sphärischem, also kugelförmigem Spiegel haben den Nachteil, dass sie das an verschiedenen Stellen auf dem Spiegel auftreffende Licht nicht in einem Punkt fokussieren können. Das Ergebnis sind unscharfe Bilder, man bezeichnet dies als sphärische Aberration (siehe Bildfehler). Um dies zu vermeiden, sind größere Spiegel statt in einer Kugelformoberfläche in Parabolform geschliffen (Parabolspiegel).

Katadioptrische Systeme

Als Katadioptrische Systeme werden Teleskope bezeichnet, die Spiegel- und Linsenelemente zur Bildgewinnung kombinieren. Dazu zählen die Schmidt-Cassegrain und Maksutov-Teleskope.

Schmidt-Cassegrain-Teleskope (SCT) sind eine veränderte Bauform des Cassegrain-Spiegelteleskops. Sie besitzen einen Kugelspiegel, dessen kurze Brennweite durch einen speziell geschliffenen Fangspiegel verlängert wird. Dadurch kann der Tubus noch kürzer als beim originalen Cassegrain gehalten werden. Der Fangspiegel ist auf der Innenseite einer Schmidtplatte genannten Korrektionslinse im oberen Tubusende angebracht. Diese ist notwendig, um die sphärische Aberration (siehe Schritt 2) des Kugelspiegels zu kompensieren.

Auch beim Maksutov-Cassegrain-Teleskop ist das Vorbild das Cassegrain-System. Wie beim SCT ist der Hauptspiegel in Kugelform geschliffen. Die noch stärker als dort provozierte sphärische Aberration (siehe Schritt 2) wird durch eine ebenfalls sphärische Korrektionsplatte, die Meniskuslinse genannt wird, retuschiert. Der Fangspiegel ist auf die Rückseite des Meniskus aufgedampft. Auch dieses System ist sehr kurzbauend und wird daher sogar in Fotoobjektiven verwendet. Ebenfalls aus dem Cassegrain wurde das Ritchey-Chrétien-System entwickelt. Dort werden

Abb. 1-8 Strahlengang eines Schmidt-Cassegrain-Teleskops (oben) und eines Maksutov-Teleskops (unten).

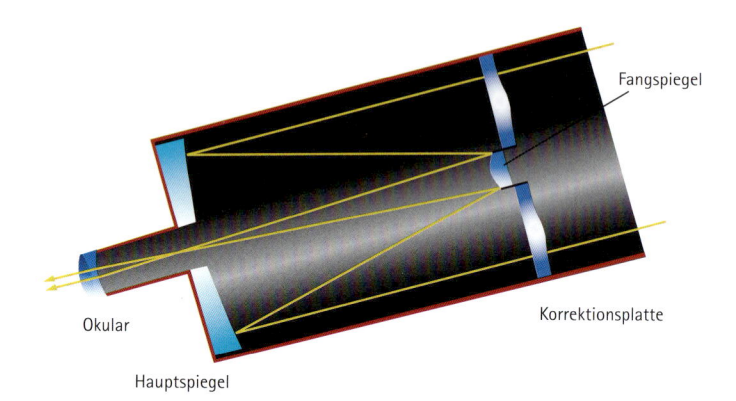

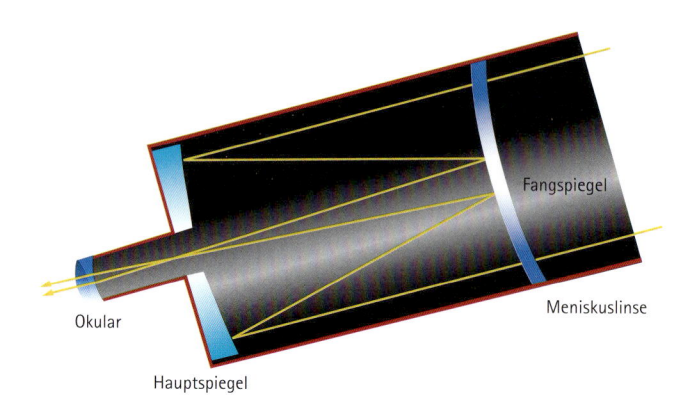

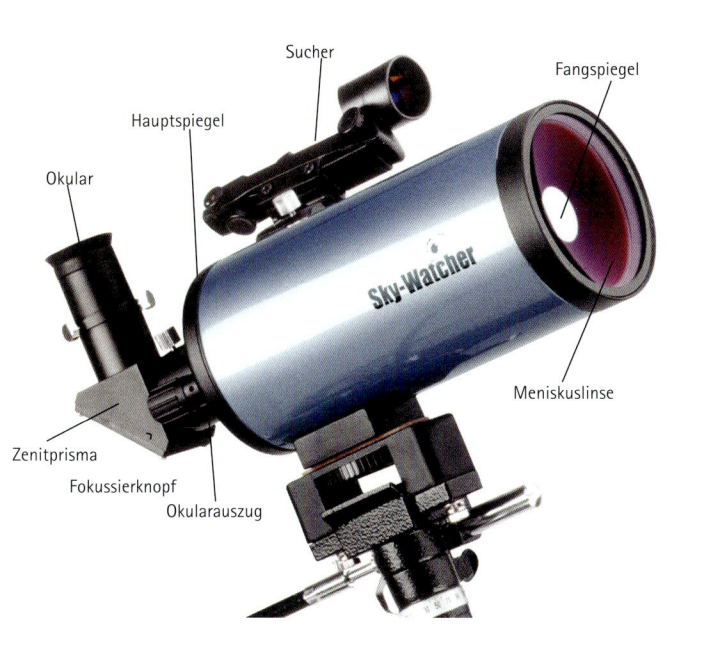

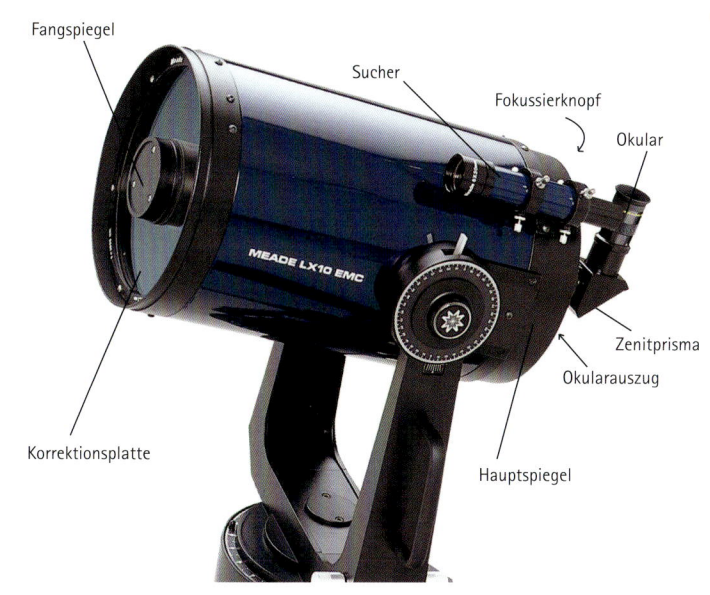

Abb. 1-9: Einzelteile eines Maksutov-Cassegrain-Tubus (oben). Der Beobachter blickt am hinteren Ende in das Okular.

Abb. 1-10: Einzelteile eines Schmidt-Cassegrain-Tubus (oben). Der Beobachter blickt am hinteren Ende in das Okular.

die Bildfehler durch hyperbolisch geschliffene Haupt- und Fangspiegel vermieden. Die meisten professionellen Teleskope sind heute von diesem Typ.

Es gibt auch »Kreuzungen« mit Newton-Teleskopen, wie Schmidt-Newton oder Maksutov-Newton. Beim Schmidt-Newton ist eine Korrektionsplatte vor die Öffnung gesetzt, um die sphärische Aberration des Hauptspiegels zu verbessern. Wie beim Schmidt-Cassegrain ist der Fangspiegel in der Korrektionsplatte eingehängt. Der Einblick erfolgt wie beim originalen Newton seitlich am oberen Tubusende. Auch beim Maksutov-Newton ist das der Fall. Hier kann der Fangspiegel allerdings nicht wie beim Maksutov-Cassegrain auf die Rückseite der Meniskuslinse aufgedampft sein, sondern sitzt getrennt hinter dieser im Tubus.

Montierung

Die Montierung hat die Aufgabe, das Teleskop zu tragen, es zu bewegen und zu positionieren. Sie ist genau so wichtig wie die Optik, denn sie erlaubt vor allem, die Bewegung der Himmelsobjekte durch die Erddrehung zu kompensieren. Allen Montierungen ist gemein, dass sie in zwei aufeinander senkrechten Achsen bewegt werden. Je nach dem zugrunde gelegten Koordinatensystem werden grundsätzlich zwei Typen von Montierungen unterschieden.

■ Azimutale Montierung

Bei der azimutalen Montierung sind die Achsen an der Horizontebene ausgerichtet. Eine Achse lässt die Himmelsrichtung verstellen (Azimut), die andere die Höhe über dem Horizont (Altitude), entsprechend dem Alt-Az-Koordinatensystem. Um einem Objekt am Himmel zu folgen, müssen beide Achsen bewegt werden.

Die meisten azimutalen Montierungen für kleine Teleskope sind als Gabelmontierungen realisiert. Dabei hängt das Teleskoprohr in der aufgespaltenen Azimutachse, die Höhenachse läuft quer durch den Teleskoptubus.

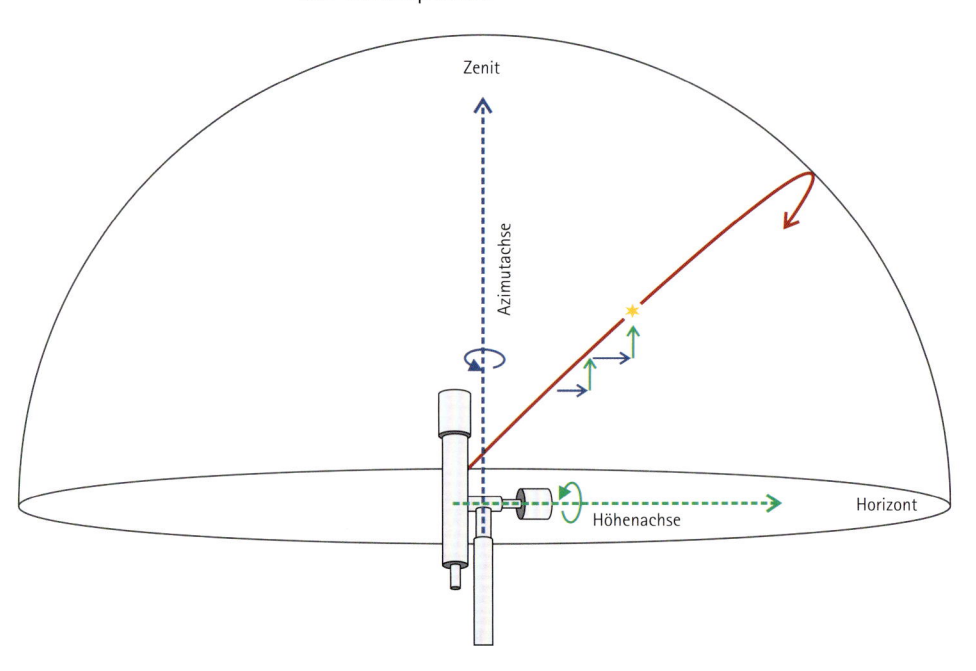

Abb. 1-11: Das Funktionsprinzip einer azimutalen Montierung: Die Azimutachse ist auf den Zenit gerichtet, sie erlaubt die Verstellung der Horizontrichtung. Die Höhenachse ist auf den Horizont gerichtet, sie erlaubt die Verstellung der Höhe über dem Horizont. Um einem astronomischen Objekt zu folgen, müssen ständig beide Achsen bewegt werden.

Abb. 1-12: Aufbau einer azimutalen Nabenmontierung (unten) und einer Dobsonmontierung (rechts).

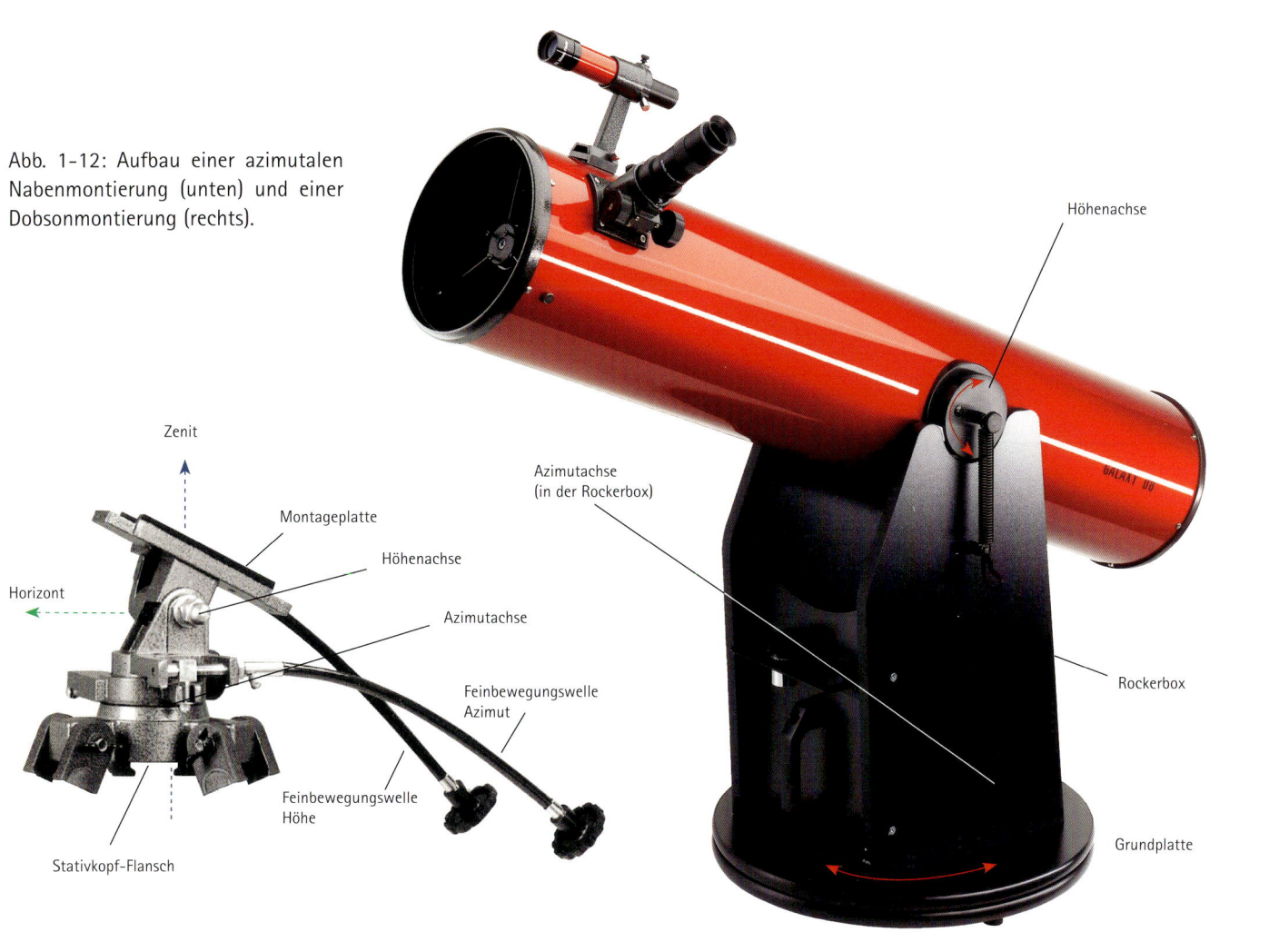

Größere azimutale Montierungen sind als Dobson-Montierung ausgeführt. Bei ihr besteht die Azimutachse aus einer Nabe, die in eine fest auf dem Boden stehende Grundplatte eingelassen ist. Auf diese Nabe wird beweglich die sogenannte Rockerbox aufgesetzt. Die Rockerbox nimmt wie eine Gabel den Teleskoptubus auf, an dem seitlich die Höhenräder angebracht sind. Diese Höhenräder werden in die runden Aussparungen der Rockerbox einfach eingesetzt. Die einfache Bauweise, die leichte Zerlegbarkeit und die geringen mechanischen Anforderungen machen die Dobson-Montierung zur ultimativen Selbstbau-Montierung. Sie kann Newton-Teleskope von 150mm bis weit über 500mm Durchmesser tragen.

Abb. 1-13: Azimutale Montierungen sind bei kleinen Amateurfernrohren häufig. Bei der Nabenmontierung (links) sitzt das Fernrohr auf der Höhenachse, bei der Gabelmontierung (rechts) ist es in die Höhenachse eingehängt.

■ Parallaktische Montierung

Bei der parallaktischen Montierung sind die Achsen an der Erdachse ausgerichtet. Eine Achse lässt die Rektaszension verstellen, die andere die Deklination, entsprechend dem R. A.-Dekl.-Koordinatensystem. Um einem Objekt am Himmel zu folgen, ist nur noch die Benutzung der Rektaszensionsachse notwendig.

Um die parallaktische Montierung parallel zur Erdachse ausrichten zu können, ist die Rektaszensionsachse gegen die Waagerechte um einen bestimmten Winkel geneigt. Dieser Winkel entspricht der Höhe des Himmelsnordpols über dem Horizont, was genau der geographischen Breite des Beobachtungsortes entspricht. Bei im deutschen Sprachraum benutzten Montierungen muss die Polachse zwischen 45° und 55° geneigt sein, am sogenannten Polbock lässt sich dieser Wert an einer Skala einstellen. Diese wichtige Einstellung sollte vor der ersten Benutzung des Gerätes vorgenommen werden. Die geographischen Koordinaten für große Städte des deutschen Sprachraums sind im Anhang enthalten.

Parallaktische Montierungen für kleine Amateurfernrohre werden in zwei Konstruktionstypen gebaut. Bei der sogenannten deutschen Montierung sitzt das Fernrohr auf der Deklinationsachse,

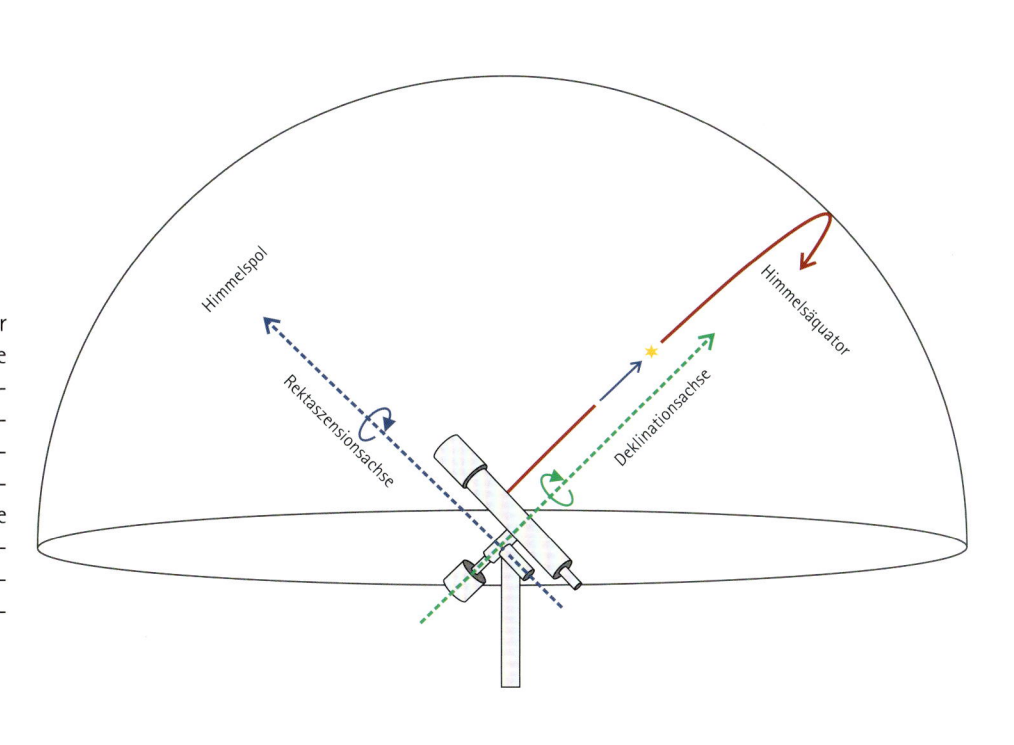

Abb. 1-14: Das Funktionsprinzip einer parallaktischen Montierung: Die Rektaszensionsachse ist auf den Himmelspol gerichtet, sie erlaubt die Verstellung der Rektaszension. Die Deklinationsachse ist auf den Himmelsäquator gerichtet, sie erlaubt die Verstellung der Deklination. Um einem astronomischen Objekt zu folgen, muss nur die Rektaszensionsachse bewegt werden.

gegenüber des Teleskoprohrs ist ein Gegengewicht zur Balance angebracht. Bei der Gabelmontierung ist das Fernrohr in eine in zwei Arme gespaltene Deklinationsachse mittig eingehängt.

Die Achsen der parallaktischen Montierung besitzen je zwei Knöpfe. Mit dem einen lässt sich die Achse arretieren, also in einer bestimmten Position festklemmen. Mit dem anderen kann man die Achse langsam per Hand bewegen. An vielen Montierungen sind diese Bewegungsknöpfe mit biegsamen Wellen ausgestattet.

Damit man nicht immer von Hand die Rektaszensionsachse nachdrehen muss, sind an manchen Montierungen Motoren angebracht, mit denen man die Bewegung einer oder beider Achsen über eine Handsteuerbox vornehmen bzw. kontrollieren kann.

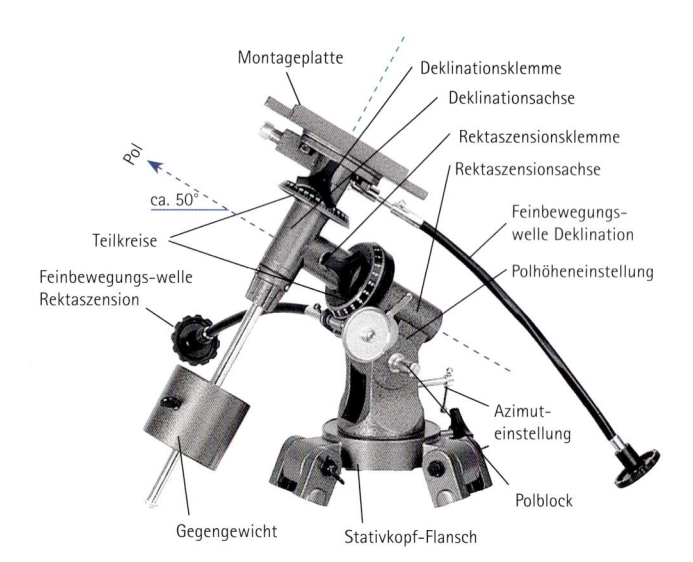

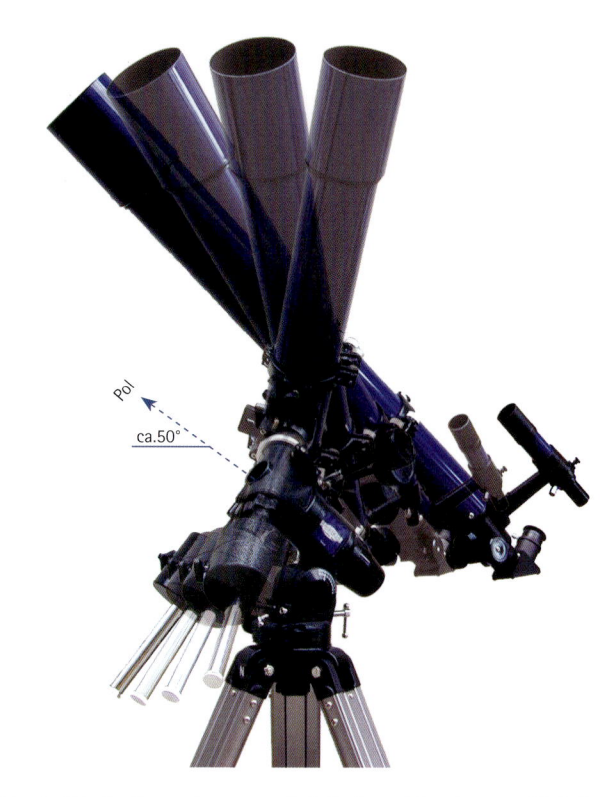

Abb. 1-15: Aufbau einer parallaktischen Montierung (links). Mit der Bewegung von nur einer Achse lässt sich die Erdrotation auszugleichen, wenn die Montierung korrekt auf den Himmelspol ausgerichtet ist (rechts).

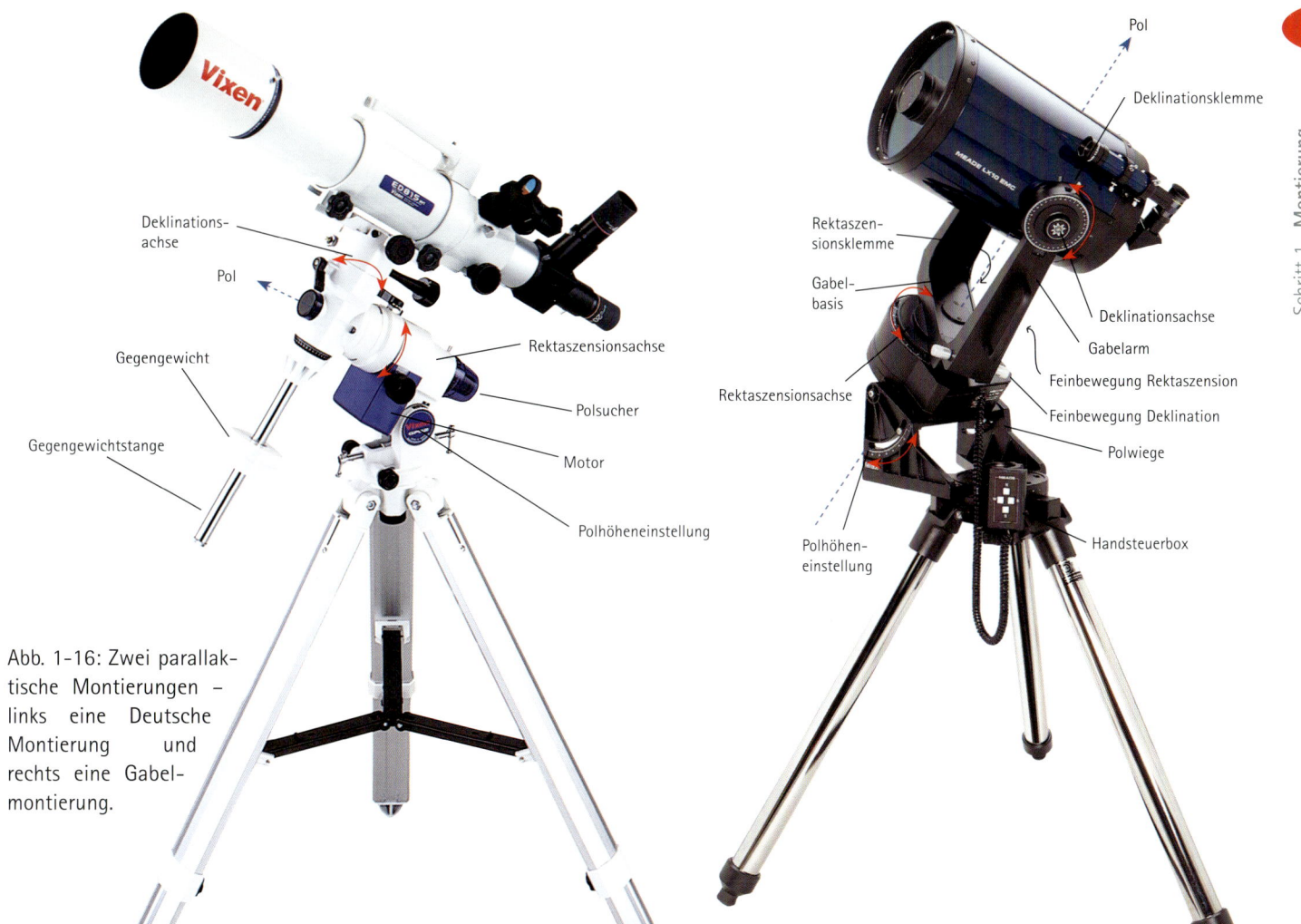

Abb. 1-16: Zwei parallaktische Montierungen – links eine Deutsche Montierung und rechts eine Gabelmontierung.

Schritt 1 Montierung

Stativ

Das Stativ muss die gesamte Last aus Montierung und Teleskoptubus tragen. Die meisten Teleskopstative sind als Dreibeine konstruiert, da sich die Verteilung des Gewichtes auf drei Lager bewährt hat. Wichtig ist die Steifheit des Stativs. Dazu trägt eine Mittelverstrebung bei, die nicht locker zwischen den Stativbeinen sitzen sollte. Die Stativbeine sollten nach Möglichkeit nicht ausgezogen sein, dann ist das Stativ am stabilsten.

Generell ist es bei parallaktisch montierten Teleskopen wichtig, dass die Montierung exakt waagerecht auf dem Stativ aufsitzt. Deshalb sollten bei ebenem Untergrund alle Stativbeine genau gleich weit ausgezogen und im gleichen Winkel abgespreizt sein. Auf unebenem Untergrund kann man – um die waagerechte Aufstellung zu erreichen – entweder ein Bein in geringerem Winkel abspreizen oder (bei ausziehbaren Montierungen) das Stativ nicht komplett aufziehen.

Viele Stative haben an ihren Füßen Gummikappen. Diese sollten abgenommen werden, um den darunter liegenden Plastik- oder Metallspitzen Platz zu geben, die einen wesentlich stabileren Stand ermöglichen. Beobachtet man auf Grasboden, kann man diese Metallspitzen zusätzlich fest in den Boden rammen, was die Stabilität nochmals erhöht.

Wesentlich stabiler als ein Stativ ist eine feste Säule, auf die die Montierung gesetzt wird. Wer von einem festen Beobachtungsplatz wie dem eigenen Garten beobachtet, sollte diese Möglichkeit unbedingt ins Auge fassen.

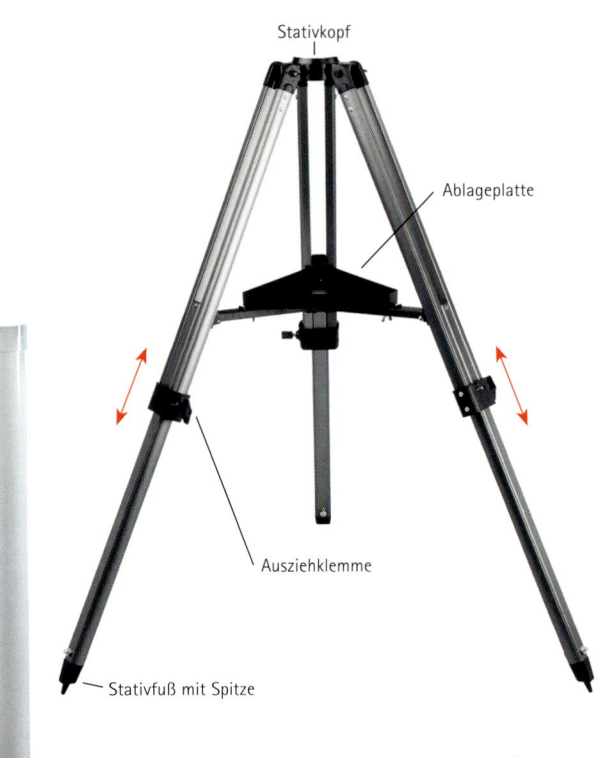

Abb. 1-17: Stativ (ausziehbar mit Ablageplatte) und ein Säulenstativ mit fest eingestellter Höhe.

Zubehör

Bei den meisten kommerziellen Teleskopen reicht die mitgelieferte Grundausstattung zu ersten Beobachtungen aus. Dazu gehört neben einem oder mehreren Okularen oftmals noch eine Barlowlinse, ein Zenit- oder Umkehrprisma, Filter sowie spezielles Zubehör für die Sonnenbeobachtung. Fest am Teleskoptubus angebracht werden Sucherfernohr und Taukappe.

■ Visiereinrichtung/Sucher

Mit dem Teleskop allein ist es schwer Himmelsobjekte aufzusuchen. Schuld daran ist das kleine Gesichtsfeld selbst bei niedriger Vergrößerung im Hauptteleskop. Bei einem Refraktor mit langem Tubus ist es relativ einfach, zur groben Ausrichtung über das Rohr hinweg zu peilen. Bei einigen Modellen ist auch eine einfache Visiereinrichtung angebracht. Komfortabler sind Peilgeräte, die eine rote Markierung oder einen Lichtpunkt an den Himmel projizieren. Blickt man durch einen solchen Peiler, sieht man immer genau, wohin das Teleskop gerichtet ist.

Zur Grundausstattung der meisten Teleskope gehört auch ein kleines zusätzliches Fernrohr, das in der Nähe des Okularauszugs auf den Tubus aufgesetzt ist. Es handelt sich um einen kleinen Refraktor mit einem Okular niedriger Vergrößerung, einem Fadenkreuz und einem großen Gesichtsfeld. Sinn des Sucherfernrohrs ist es, dem Beobachter eine Verbindung zwischen dem Himmelsanblick und Fernrohranblick zu geben.

Mit diesem Instrument wird ein Großteil der Beobachtungszeit verbracht: das Aufsuchen der Objekte.

Die Befestigung des Suchers am Teleskoptubus besteht aus einer oder zwei Halterungen, mit denen man den Sucher parallel zum Hauptrohr einstellen kann. Dazu stellt man eine gut sichtbare Horizontmarkierung (Turm, Mast) im Hauptrohr ein. Durch Lockern der Schrauben, Ausrichten des Sucherteleskops auf die eingestellte Marke, und Anziehen der Schrauben (dabei in den Sucher blicken) werden die optischen Achsen beider Teleskope parallel ausgerichtet. Peilsucher werden meist durch eingebaute Justierschrauben ausgerichtet. Ab und zu sollte man die Prozedur wiederholen, da sich die Ausrichtung des Suchers mit der Zeit verstellen kann.

Abb. 1-18: Ein Sucherfernrohr (links) wird mit den doppelten Justierschrauben eingestellt. In einem Peilsucher (oben) wirft eine rote LED eine Zielmarke an den Himmel – der Betrieb erfolgt über Batterie.

■ Taukappe

Taubeschlag der Optik tritt ein, wenn die Lufttemperatur unter den Taupunkt fällt. Tau kann verhindert werden durch abschirmen oder aufwärmen der optischen Oberflächen. Diese Gefahr sollte nicht unterschätzt werden: Nicht nur Herbstnächte können sehr feucht werden. Ist die Korrektionsplatte eines katadioptrischen Teleskops erst einmal beschlagen, hilft nur noch der Haartrockner. Auf gar keinen Fall sollte sie mit einem Tuch freigerieben werden, das zerstört die Optik. Im Winter kann sich sogar Reif oder Eis bilden! Bei Refraktoren ist die Taukappe schon in den Tubus integriert, Newton-Teleskope haben den Spiegel am unteren Tubusende, und der Fangspiegel ist nach unten gerichtet – hier ist weniger Gefahr zu befürchten.

Die Taukappe sollte mindestens 10cm lang sein, aber dabei die Öffnung des Teleskops nicht beschneiden. Es gibt beheizbare Taukappen, die viel Ärger ersparen, allerdings auch an die Stromversorgung des Teleskops (falls vorhanden) angeschlossen werden müssen. Man kann sich eine einfache Taukappe leicht selbst basteln; zu diesem Zweck wird eine Papp- oder Plastikrolle vorne auf den Tubus aufgesteckt.

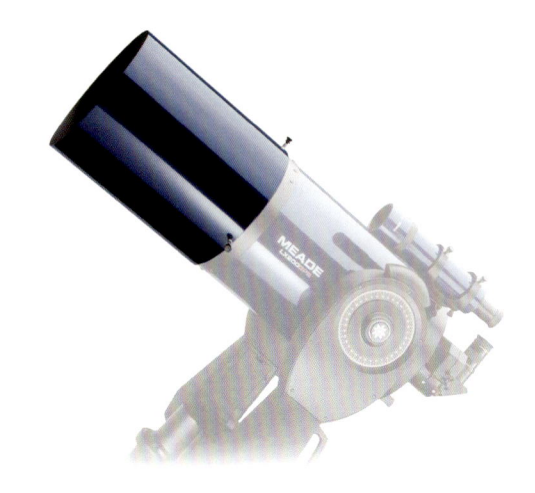

Abb. 1-19: Taukappe an einen Schmidt-Cassegrain-Teleskop.

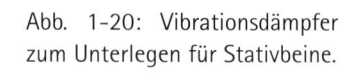

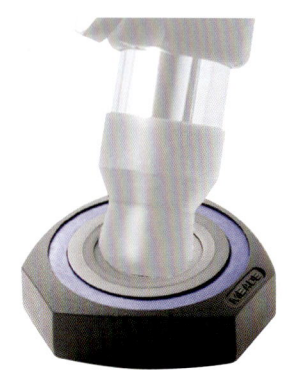

■ Vibrationsdämpfer

Auf hartem Untergrund übertragen sich Vibrationen des Bodens leicht auf Fernrohrstative. Bei der Beobachtung wird die Zitterbewegung des Teleskops vergrößert und kann die Wahrnehmung sehr stören. Abhilfe schaffen aus speziellem Gummi gefertigte Vibrationsdämpfer, die einzeln unter jedes Stativbein gelegt werden können. Sie reduzieren die Ausschwingzeit der Montierung auf ein erträgliches Maß, das eine Sekunde nicht überschreiten sollte.

Abb. 1-20: Vibrationsdämpfer zum Unterlegen für Stativbeine.

■ Nachführmotor

Die Achsen einer parallaktischen Montierung werden bei einfachen Fernrohren über die biegsamen Wellen der Feinbewegungen per Hand nachgeführt. Da aber wegen der nächtlichen Drehung des Sternhimmels die Rektaszensionsachse ständig verstellt werden muss, wird dies auf Dauer als lästig empfunden. Abhilfe schafft ein Nachführmotor, der an die Rektaszensionsachse angeschlossen wird. Einfache Modelle kann man nur an- und ausschalten, sie kompensieren die Erddrehung. Es gibt aber auch Motoren, bei denen man das Teleskop in verschiedenen Geschwindigkeiten nicht nur nachführen, sondern auch positionieren kann. Ist auch ein Motor an der Deklinationsachse angebracht, kann das Fernrohr per Knopfdruck in jede gewünschte Richtung gefahren werden.

Die Geschwindigkeit dieser Bewegungen lässt sich bei besseren Montierungen in mehreren Stufen variieren, die meistens einem Vielfachen der Nachführgeschwindigkeit entsprechen. Auf diese Weise lassen sich auch größere Strecken am Himmel elektronisch zurücklegen.

Ein Nachführmotor ist unerlässlich für die Astrofotografie. Allerdings muss man den benötigten Strom bereitstellen können. Die meisten Motoren arbeiten mit 12V Gleichstrom und können über die Autobatterie versorgt werden. Es ist ratsam, dazu nicht die Batterie des eigenen Wagens, sondern einen extra Batterie- bzw. Akkublock zu verwenden, der nach der Beobachtungsnacht wieder aufgeladen werden kann.

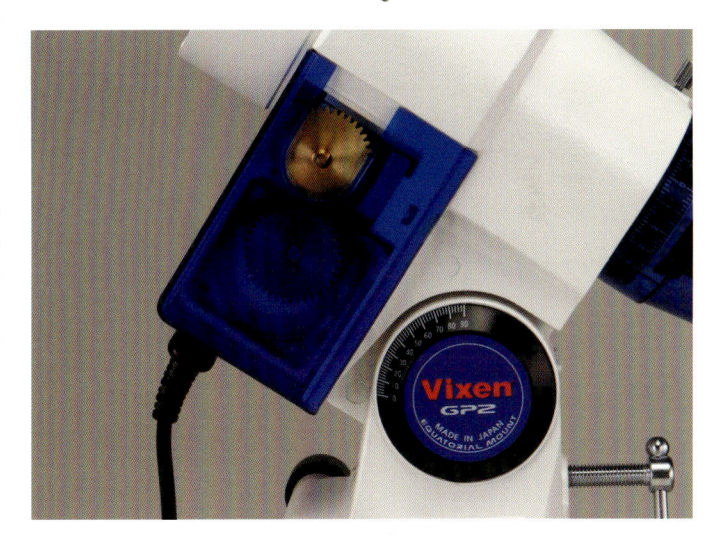

Abb. 1-21: Nachführmotoren zum Aufstecken auf eine Montierung (oben) und angeschlossen an einer deutschen Montierung (unten). Die Stromversorgung erfolgt über Batterien/Akkus oder mittels eines Wandlers direkt vom normalen Stromnetz.

Teleskopsteuerung

Die meisten Nachführantriebe bestehen aus einfachen Schrittmotoren. Für viele bessere Montierungen lassen sich aber auch umfangreiche Teleskopsteuerungsysteme nachrüsten, die insbesondere für die Astrofotografie nützlich sind. Diese Steuerungen erlauben neben der Positionierung in beiden Achsen auch die Einstellung verschiedener Nachführgeschwindigkeiten und frei wählbare Korrekturgeschwindigkeiten für die feinfühlige Kontrolle während der Nachführung. Darüber hinaus sind die Funktionen der Steuerungen oft programmierbar bzw. sie lassen sich auch direkt mit einer speziellen Schnittstelle an einen Computer anschließen.

Eine besondere Funktion für Langzeitbelichtungen bei der Astrofotografie ist die periodische Fehlerkorrektur, kurz PEC (engl. periodic error correction). Jede Montierung besitzt aufgrund ihrer Konstruktion eine gewisse Ungenauigkeit im Lauf. Belichtet man ausreichend lange - meist genügen schon mehr als 30 Sekunden - werden Sterne trotz exakter Nachführung nicht mehr punktförmig, sondern als Striche abgebildet. Die Abweichung des Montierungslaufs von der wirklichen Himmelsbewegung führt zu einem Verwischen des Sternbilds, das im Bereich des Durchmessers der Planeten Mars oder Jupiter liegen kann. Eine ständige Kontrolle der Nachführung ist also unerlässlich für scharfe Fotos.

Mit der PEC-Funktion trainiert man die Montierung auf eine automatische Korrektur dieser Abweichungen, in dem man ihr für einen Umdrehungszyklus der Antriebsschnecke Korrekturwerte vorgibt, die dann von der Steuerung gespeichert werden. Bei der nächsten Benutzung muss der Korrekturvorgang nicht noch einmal wiederholt werden. Mit der Zeit lässt sich durch immer feinere Korrekturen der Lauffehler der Montierung nahezu ausgleichen.

Abb. 1-22: Viele moderne Teleskope sind mit elektronischen Steuerungen ausgerüstet. Sie stellen neben der Richtungspositionierung viele weitere für Astrofotografen nützliche Hilfsmittel zur Verfügung.

Goto-Steuerung

Noch mehr Luxus erlauben die sogenannten Sky-Computer oder »Goto«-Steuerungen (nach dem engl. Eingabefehl GO TO ...). Sie enthalten nicht nur alle Funktionen einer Teleskopsteuerung, sondern zusätzlich eine Objektdatenbank. Planeten, Sterne und Deep-Sky-Objekte lassen sich abrufen und auf Knopfdruck anfahren. Ebenso kann man das Teleskop jederzeit nach einem eingestellten Objekt oder den Himmelskoordinaten abfragen.

Vorraussetzung für eine funktionierende Goto-Funktion ist eine exakte Positionierung des Teleskops. Dazu ist vor der Benutzung des Gerätes eine Initialisierung nötig. Diese erfordert zumeist eine exakte Nivellierung des Gerätes, eine Zeit- und Ortsangabe sowie die manuelle Einstellung vorgegebener Initialisierungssterne. Die neuste Generation der Goto-Teleskope erledigt sogar diese Aufgaben ohne Zutun des Benutzers, weil ein eingebauter GPS-Empfänger die Position des Teleskops auf der Erde bestimmt und ein Kreisel für die horizontale Orientierung der Montierungsbasis sorgt.

Die Einstellgenauigkeit von Goto-Teleskopen ist umso geringer, je größer die Schwenkwege für die Montierung sind, so dass es durchaus einmal passieren kann, dass ein Objekt auf der anderen Seite des Himmels nicht mehr mittig anpositioniert wird.

Die gängigen Goto-Steuerungen werden von zahlreichen Astronomie-Computerprogrammen unterstützt, so dass man das Teleskop auch direkt vom PC aus ansteuern kann. Somit lässt sich die Funktionalität umfangreicher Software zusätzlich auf die Steuerung übertragen. Für Astrofotografen bietet sich dadurch etwa die Möglichkeit zur ferngesteuerten Positionierungs- und Aufnahmesteuerung, z.B. mit CCD-Kameras (siehe Seite 38).

Abb. 1-23: Goto-Montierungen können über den Computer oder eine spezielle Handsteuerbox bedient werden. Diese bieten die Möglichkeit, aus einer Datenbank von mehreren tausend Objekten ein gesuchtes Ziel herauszusuchen und automatisch anzusteuern. Zusätzlich können weitere Informationen zu jedem Objekt abgerufen werden. Einige Steuerungen können vorher programmierte Touren abfahren und geben Informationen zu astronomischen Begriffen. Allen Modellen gemeinsam ist: Die Positioniergenauigkeit ist nur so genau, wie es die Ausrichtung des Gerätes erlaubt. Dazu kann man manuell vorgehen (Stern-Initialisierung) oder sich die Arbeit von einem eingebauten GPS-Empfänger abnehmen lassen.

■ Okulare

Okulare sind Lupen, mit denen das vom Fernrohr erzeugte Bild vergrößert betrachtet wird. Man braucht Okulare verschiedener Brennweiten, um verschiedene Vergrößerungen und Austrittspupillen zu erreichen (Abschnitt Leistung).

Ein Okular besteht aus mindestens zwei Linsen, die in einer gemeinsamen Hülse untergebracht sind. Um es zu benutzen, wird es in den Okularauszug gesteckt und dort festgeklemmt. Die Steckdurchmesser von Okularen sind normiert und betragen entweder 24,5mm, 31,8mm oder 50,8mm, man kann also Okulare ande-

Abb. 1-24: Okulare verschiedener Serien und Brennweiten mit Steckdurchmesser: 31,8mm (a), 50,8mm (b)

Huygens (H)	zweilinsig	Eigengesichtsfeld ca. 40°	Sehr weit verbreiteter Okulartyp, für niedrige Vergrößerungen geeignet Modifikationen dieses Typs werden als Ramsden (R, SR) und Mittenzwey (M) bezeichnet.
Kellner (K)	dreilinsig	Eigengesichtsfeld ca. 40°	Verbesserung des Huygens-Typs, geeignet auch für höhere Vergrößerungen.
Orthoskopisch (O)	vierlinsig	Eigengesichtsfeld ca. 40°	Geeignet für hohe Vergrößerungen.
Plössl (Pl)	vierlinsig	Eigengesichtsfeld ca. 50°	Geeignet für hohe Vergrößerungen.
Erfle (WW)	sechslinsig	Eigengesichtsfeld ca. 60–70°	Weitwinkelokular für niedrige Vergrößerungen. Es gibt zahlreiche Weiterentwicklungen auch für hohe Vergrößerungen.

rer Hersteller auch am eigenen Fernrohr einsetzen. Will man ein 24,5mm-Okular an einem Okularauszug mit 31,8mm benutzen, benötigt man allerdings einen Adapter (auch als Reduzierhülse bezeichnet). Okulare mit 31,8mm an einem Teleskop zu benutzen, dessen Okularauszug nur 24,5mm-Okulare aufnimmt, ist nicht sinnvoll.

Okulare besitzen je nach Konstruktion unterschiedlich große Eigengesichtsfelder (auch: scheinbare Gesichtsfelder). Bei Okularen mit weniger als 40° Eigengesichtsfeld hat man den Eindruck, durch einen Tunnel zu blicken. Bei Okularen mit mehr als 65° Eigengesichtsfeld kann man das gesamte Feld nicht mehr mit einem Blick überschauen, diese Okulare werden als Weitwinkelokulare bezeichnet.

Steckdurchmesser von Okularen

deutsche Schreibweise	amerikanische Schreibweise
24,5mm	0,96" (Zoll)
31,8mm	1 1/4" (Zoll)
50,8mm	2" (Zoll)

Abb. 1-25: Benennung der Einzelteile eines Okulars (oben) und Aufbau eines Huygens-Okulars (unten).

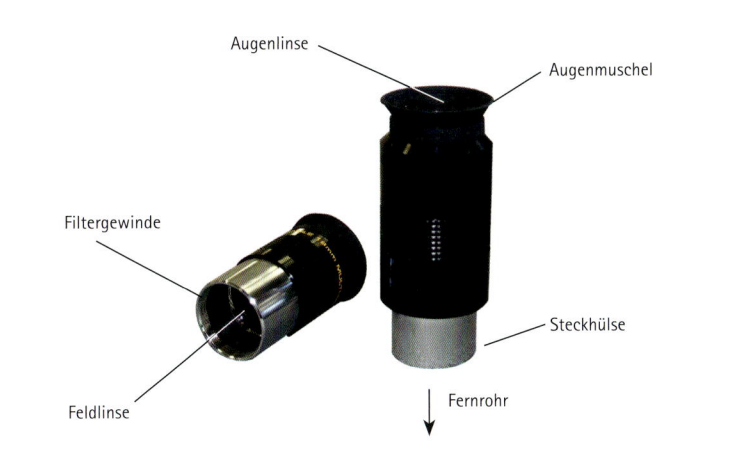

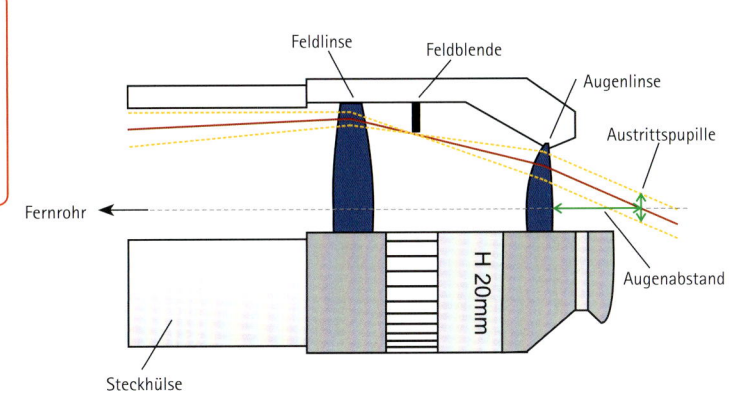

Schritt 1 Zubehör

Okulare werden in verschiedenen Konstruktionen gefertigt, es hat sich eingebürgert verschiedene Typen mit Buchstaben abzukürzen.

Sätze von mehreren Okularen, die ohne Nachstellen am Fokussierknopf nacheinander verwendet werden können, nennt man homofokal. Das ist ein großer Vorteil gerade bei hohen Vergrößerungen, damit man das Bild durch Verwackeln beim fokussieren nicht verliert. Eine Feineinstellung ist auch bei homofokalen Okularen nötig. Nach welchen Kriterien man sich einen sinnvollen Satz von drei bis fünf Okularen zusammenstellt, ist im Abschnitt Vergrößerung erklärt (siehe Schritt 2).

Unter dem Lichtweg bzw. der Rohrverkürzung versteht man die Strecke, um den man den Okularauszug nach innen verstellen muss, damit das Okular den Brennpunkt erreicht. Okulare haben Lichtwege von 10mm–30mm, bei Prismen oder Adaptern kann der Lichtweg aber schon über 50mm betragen. Die Folge kann sein, dass der Okularauszug nicht weit genug nach innen verstellt werden kann, so dass man nicht an den Brennpunkt kommt und das entsprechende Zubehörteil nicht verwenden kann.

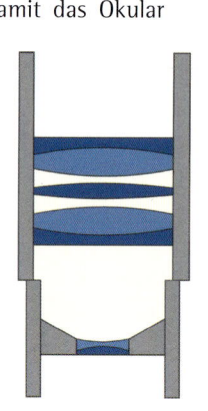

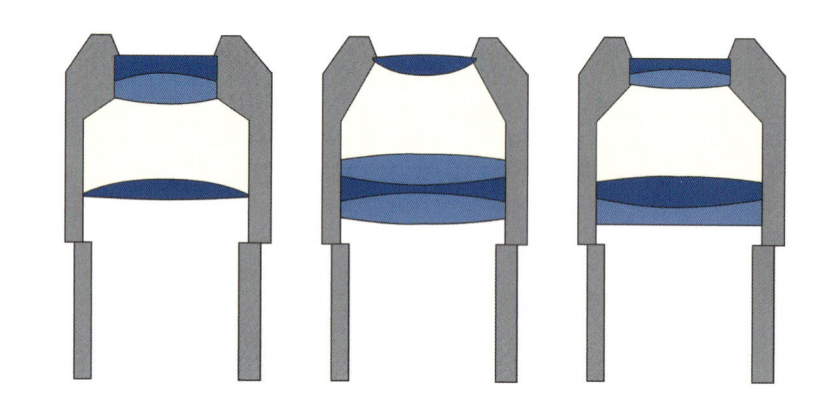

Kellner-Okular   *Orthoskopisches Okular*   *Plössl-Okular*

Abb. 1-26: Konstruktion verschiedener Okulartypen.

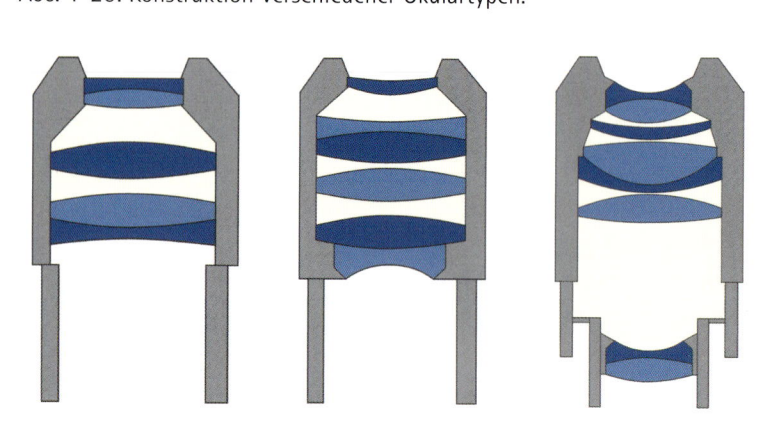

LV-Okular   *Erfle-Okular*   *Wide-Angle-Okular*   *Ultra-Wide-Angle-Okular*

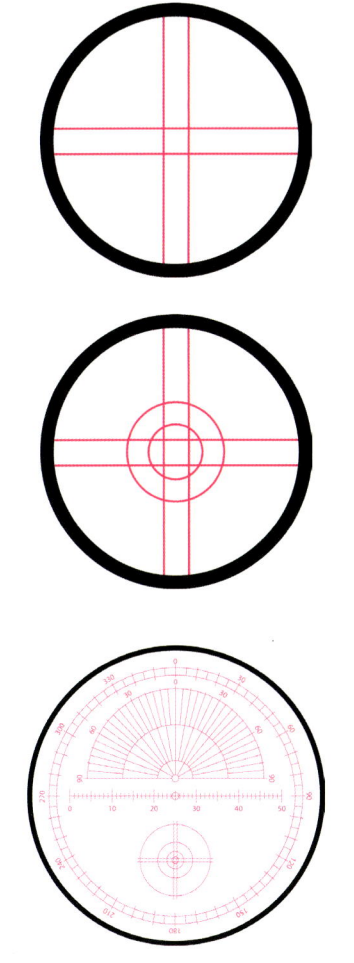

Abb. 1-27 Fadenkreuzokulare werden zur Kontrolle der Nachführung bei der Astrofotografie benutzt. Sie sind mit einer batteriebetriebenen Beleuchtung versehen (oben). Bequem ist ein Doppelfadenkreuz, das zueinander verschiebbar realisiert sein kann (rechts oben).
Daneben gibt es spezielle Messokulare, die eine komplexe Skalenanordnung um Gesichtsfeld bieten. Damit kann man nicht nur nachführen, sondern auch Distanzen und Winkel messen (rechts).

■ Adapter

Um an einem Okularauszug mit 50,8mm Durchmesser auch 31,8mm-Zubehör einsetzen zu können, benötigt man eine Reduzierhülse. Umgekehrt gibt es auch Erweiterungshülsen, wegen der Beschneidung des Gesichtsfeldes ist die Verwendung von Zubehör mit großem Durchmesser an Okularauszügen mit kleinem Durchmesser nicht sinnvoll.

Neben dem System der Steckdurchmesser gibt es auch Schraubsysteme, die insbesondere in der Astrofotografie verwendet werden. Am verbreitetsten ist das T2-System, das sich auch auf viele Spiegelreflex-Kameras anpassen lässt. Fernrohrseitig benötigt man dazu entweder einen Adapter von 31,8mm auf T2 oder 50,8mm auf T2. Einige Teleskophersteller haben eigene Gewinde im Okularauszug angebracht, für die es auch spezielle Übergangsadapter auf das T2-Gewinde gibt.

Abb. 1-28: Mit Zoom-Okularen lassen sich verschiedene Vergrößerungen ohne Okularwechsel erreichen, da man unterschiedliche Brennweiten direkt am Gehäuse einstellen kann. Bei den meisten Modellen verringert sich allerdings das Eigengesichtsfeld bei niedrigen Vergrößerungen bis hin zum Tunnelblick.

Abb. 1-29: Das Elektronische oder PC-Okular ist eigentlich eine kleine Kamera, mit der das Fernrohrbild per USB-Kabel direkt zum Computer übertragen werden kann

Abb. 1-30: Adapter für verschiedene Steckdurchmesser.

Binokularansatz

Am Fernrohr wird normalerweise einäugig, also monokular beobachtet. Dieser unnatürliche Verzicht auf ein Auge hat Auswirkungen auf die Detailwahrnehmung und Bequemlichkeit beim beobachten.

Ein Binokularer Ansatz ermöglicht beidäugiges Sehen am Teleskop. Insbesondere helle Objekte erscheinen plastischer und zeigen Details leichter. Nachteilig ist, dass Strahlenteiler und Prismen als zusätzliche optische Elemente im Strahlengang zur Verschlechterung der Bildqualität führen können. Insbesondere kommt es zu Lichtverlusten, so dass schwache Objekte nur sehr begrenzt vom Einsatz eines Binokularansatzes profitieren können. Zudem benötigt man alle Okulare in zweifacher Ausfertigung und der Okularauszug des Teleskops muss in der Lage sein, das zusätzlich Gewicht zu tragen.

Der Binokularsatz wird wie eine Barlowlinse in den Okularauszug gesteckt und nimmt seinerseits zwei Okulare auf. Diese werden zunächst auf den richtigen Augenabstand eingestellt. Die Okulare werden dann einzeln scharfgestellt, in dem man das jeweils andere Auge zukneift. Stimmt der Augenabstand und sind beide Okulare optimal fokussiert, stellt sich ein räumlich-dreidimensionaler Eindruck des Teleskopbildes ein.

Abb. 1-31: Ein binokularer Ansatz ermöglicht die beidäugige Beobachtung. Dazu wird das vom Teleskopobjektiv kommende Licht von einem Strahlenteiler in zwei getrennte Strahlengänge aufgespaltet (rechts). Die meisten Modelle benötigen sehr viel Lichtweg, was dazu führen kann dass sie bei Fernrohren mit großen Öffnungsverhältnissen nicht scharf gestellt werden können. Für einige Modelle kann man Korrektorlinsen kaufen, die diesen Fehler ausgleichen.

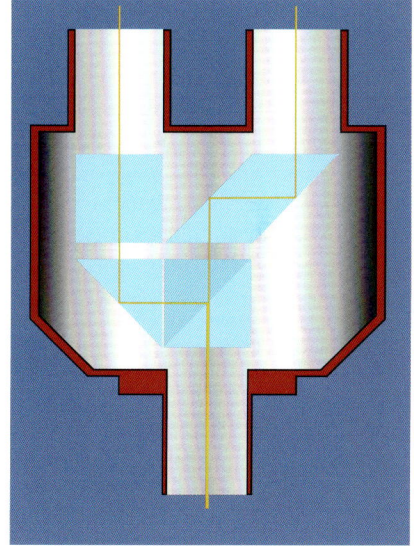

■ Prismen

Soll mit Geräten, die den Okularauszug am hinteren Tubusende haben (also Refraktoren und manchen katadioptrischen Fernrohren), ein Objekt in großer Höhe über dem Horizont betrachtet werden, wird aus der bequemen Beobachtungshaltung schnell eine Verrenkung. Deswegen gibt es für die Beobachtung zenitnaher Gegenden das Zenitprisma oder den Zenitspiegel, um den Strahlengang des Teleskops 90° nach oben abzulenken. Das Zenitprisma besitzt wie ein Okular eine Hülse, die in den Okularauszug gesteckt wird, sowie eine weitere Hülse, die das Okular selbst aufnimmt – das Prisma kommt also zwischen Teleskop und Okular zum Einsatz. Es gibt Modelle für 24,5mm-, 31,8mm- und 50,8mm-Okulare.

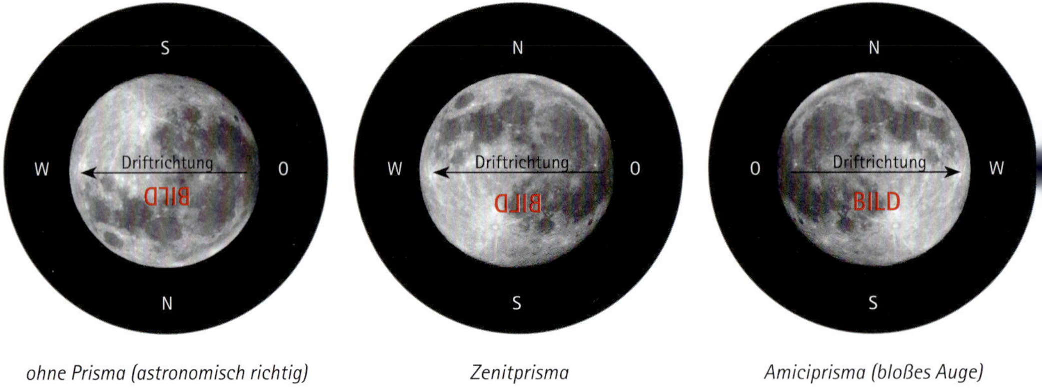

ohne Prisma (astronomisch richtig)   *Zenitprisma*   *Amiciprisma (bloßes Auge)*

Abb. 1-32: Bildorientierungen am Beispiel des Mondes durch verschiedene Prismen.

Das Zenitprisma richtet das Bild auf, vertauscht aber Ost und West. Das Bild im Okular ist nun spiegelverkehrt, so dass das Lesen von Stern- und Mondkarten schwierig wird.

Bildorientierung im Fernrohr		
bloßes Auge, Fernglas	normal	Norden oben, Osten links, Sterne wandern nach rechts
Fernrohr ohne Prisma (Geradesicht)	astronomisch richtig	Norden unten, Osten rechts, Sterne wandern nach links
Fernrohr mit Zenitprisma/Zenitspiegel	seitenverkehrt	Norden oben, Osten rechts, Sterne wandern nach links
Fernrohr mit Amiciprisma/Poroprisma	normal	Norden oben, Osten links, Sterne wandern nach rechts

Eine Alternative zum Zenitprisma ist das Amiciprisma. Es ist ein sogenanntes Umkehrprisma, richtet das im Teleskop um 180° gedrehte Bild also wieder vollkommen auf. Es gibt Amiciprismen mit 90° und 45° Ablenkung, der Effekt ist derselbe. Auch das Porroprisma ist ein Umkehrprisma, das das Bild wieder zum mit bloßem Auge gewohnten Anblick zurückholt; allerdings wird hier keine Ablenkung erreicht.

Die Bildorientierung im Teleskop ist immer schnell durch die Richtung, in der sich die Sterne bei nicht nachgeführter Montierung bewegen, festzustellen. Es gilt die Regel: die Sterne verlassen das Okulargesichtsfeld Richtung Westen, neue Sterne erscheinen im Gesichtsfeld aus Richtung Osten. Norden ist in Richtung Polarstern, Süden ist entgegen gesetzt gerichtet. Man beachte, dass die »Windrose« jetzt mit »Norden oben, Osten links« bei der Beobachtung mit bloßem Auge anders als auf Landkarten ist, weil wir ja von unterhalb nach oben auf die Himmelskarte schauen.

Abb. 1-33: Zenitprisma (links) und Amiciprisma (rechts).

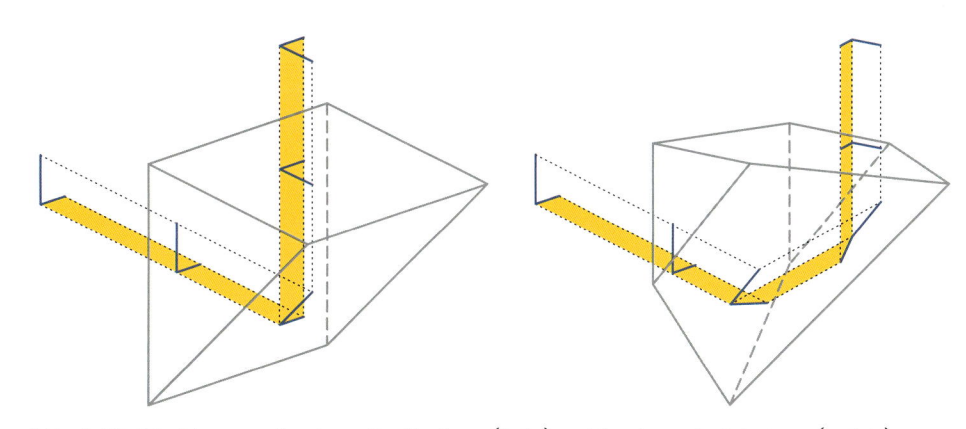

Abb. 1-34: Strahlengang in einem Zenitprisma (links) und in einem Amiciprisma (rechts).

■ Linsen

Um die Brennweite von Fernrohren zu verlängern oder zu verkürzen, setzt man spezielle Linsen ein, die in den Okularauszug gesteckt werden und dann jeweils ein Okular aufnehmen können.

Die Barlowlinse (sprich »Barloh«) ist eine Zerstreuungslinse, die die Brennweite des Fernrohrs verlängert, der Verlängerungsfaktor beträgt meist 2×, aber auch 1,5× oder 3×. Kombiniert man eine 2× Barlowlinse mit einem 60/900mm-Fernrohr, beträgt die dadurch entstehende Brennweite, Äquivalenzbrennweite genannt, 1800mm. Wird nun ein 20mm-Okular in die Barlowlinse gesteckt, steigt die Vergrößerung von 45× auf 90×. Man kann also seine Okularsammlung mit zwei verschiedenen Vergrößerungssätzen benutzen. Es gibt auch Barlowlinsen, deren Faktor stufenlos verstellbar ist.

Da die Barlowlinse eine Linse ist, schleppt sie auch deren Probleme ein. Auch wenn es sich um ein Spiegelteleskop handelt, an dem die Linse benutzt wird, hat man es jetzt also mit Farbfehlern zu tun. Deswegen sind alle besseren Barlowlinsen auf dem Markt Achromate, also zweilinsig.

Nur bei billigen Teleskopen zu finden sind Umkehrlinsen, die äußerlich ähnlich wie eine Barlowlinse aussehen. Ein einfaches Linsensystem bewirkt hier neben der Brennweitenverlängerung wie bei der Barlow-Linse auch eine Drehung des Bildes um 180°, so dass die Objekte wie vom bloßen Auge gewohnt am Himmel orientiert sind. Da diese einfachen Modelle meist einlinsig sind, ist ihre Qualität oft schlecht, stattdessen ist die Benutzung eines Amiciprismas anzuraten.

Abb. 1-35: Barlowlinse zum Vervielfachen der Vergrößerung (oben), Umkehrlinse (unten) zur Erdbeobachtung.

■ Okularfilter

Mit Filtern sind hier gefärbte, beschichtete oder bedampfte Glasscheibchen gemeint, die in die Steckhülse des Okulars eingeschraubt werden. Damit liegen sie nahe der Fokalebene des Okulars, und müssen deshalb sehr genau geschliffen sein, was die zum Teil erstaunlichen Preise für einzelne Filter erklärt.

Allgemein nützlich ist ein sogenannter Neutralfilter, der lediglich das Bild abdunkelt. Dies ist oft bei der Mondbeobachtung sinnvoll. Eine bequeme Variante ist durch zwei hintereinander gesteckte, zueinander verdrehbare Polfilter (bekannt aus der Fotografie) realisiert – auf diese Weise kann man die Helligkeit stufenlos verstellen.

Farbfilter werden in der visuellen Planetenbeobachtung eingesetzt. Für den Einsteiger ist ein kompletter Satz nicht sinnvoll, nur wenige Beobachter arbeiten systematisch mit Filtern und ihr Gebrauch erfordert einige Praxiserfahrung. Lediglich ein helles Orangefilter ist von Anfang an zu empfehlen; es erhöht den Kontrast bei der Tagbeobachtung (zum Beispiel Venus am blauen Taghimmel) und verstärkt den Eindruck der Dunkelstrukturen auf Mars. Schließlich gibt es die sogenannten Nebelfilter, die in der Deep-Sky-Beobachtung zum Einsatz kommen. Es handelt sich dabei um

Abb. 1-36: Verschiedene Filter zum Einschrauben in ein Okular.

Nützliche Okularfilter	Effekt	Einsatzgebiet
Neutralfilter	Abdunklung	Mond, Venus, Sonne (nur zusammen mit Objektivfilter)
Polfilter	verstellbare Abdunklung	Mond, Sonne (nur zusammen mit Objektivfilter)
Orangefilter	Kontraststeigerung	Tagbeobachtung, Mars
Minus-Violett-Filter	Reduzierung von Farbfehlern	Mond, Planeten
Kontrastfilter	Kontraststeigerung	Mond, Planeten

Interferenzfilter, die durch aufwendige Beschichtung einen Teil des Lichts vollkommen abblocken. Ausgeschaltet werden soll die künstliche Lichtverschmutzung durch Straßenlampen. Nebelfilter sind kleine Wunderwaffen, sie sind aber beileibe nicht für alle »Nebel«, sondern nur für Emissionsnebel (wie der Große Orionnebel) und Planetarische Nebel (wie der Ringnebel) geeignet. Der Anblick aller anderen Objekte wird mit diesem Filter wesentlich verschlechtert. Die Filter dunkeln den Himmelshintergrund und die Sterne etwas ab, dass es schwer werden kann, sich zurecht zu finden. Besonders viel Licht herausfilternde Linienfilter sollten deshalb nur mit größeren Öffnungen verwendet werden.

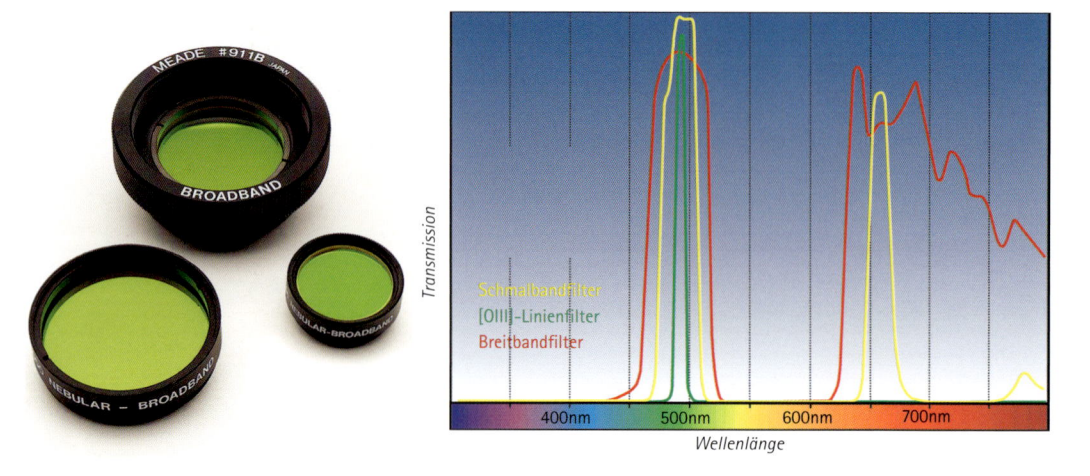

Abb. 1-37: Nebelfilter (links) und Durchlasskurven für verschiedene Nebelfiltertypen (rechts).

Filtertyp	Modell-Beispiel	nützlich für ...
Breitbandfilter	Deep-Sky, Sky Glow, City-Lights, Light-Pollution Reduction (LPR)	Sternhaufen, Galaxien (nur eingeschränkt)
Schmalbandfilter	Ultra High Contrast (UHC)	Emissionsnebel, Planetarische Nebel (für Öffnungen < 200mm)
Linienfilter	[OIII]	Planetarische Nebel, Supernovareste, einige Emissionsnebel (für Öffnungen > 200mm)
Linienfilter	H-beta	einige Emissionsnebel (für Öffnungen > 200mm)
Linienfilter	H-alpha	Emissionsnebel (nur für die Fotografie)

Sonnenfilter

> NIE MIT DEM FERNROHR OHNE SICHEREN SCHUTZ IN DIE SONNE SCHAUEN. UNSACHGEMÄSSE SONNENBEOBACHTUNG KANN ZUR ERBLINDUNG FÜHREN!

Abb. 1-38: Die manchmal im Zubehör mitgegebenen Okular-Sonnenfilter sind nicht geeignet und sollten sofort weggeworfen werden! Durch die Position nahe des Brennpunkts des Fernrohrs sind sie großer Hitze ausgesetzt, die zum Platzen oder Springen des Filters führen kann. Augenschäden sind die Folge.

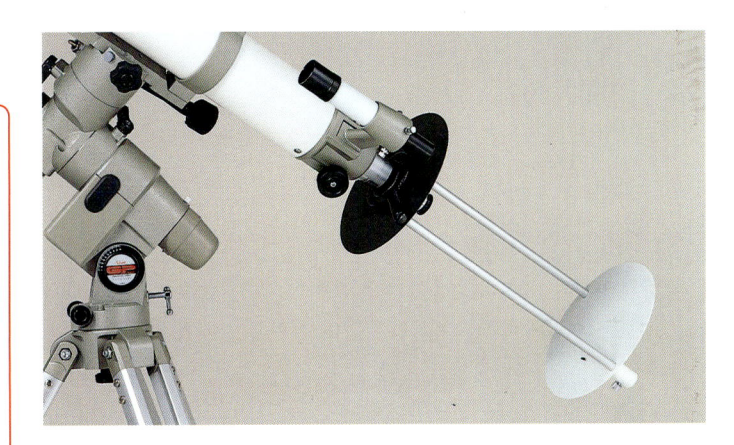

Abb. 1-39: Sonnenbeobachtung mit Hilfe eines Projektionsschirms.

Die sicherste Methode der Sonnenbeobachtung ist die Projektionsmethode. Dabei wird das Sonnenlicht ungefiltert durch das Teleskop geschickt und dahinter auf einen Schirm projiziert. Solche Schirme sind als Zubehör vor allem zu Refraktoren zu kaufen. Auf einigen Modellen kann mit Magneten ein weißes Papier befestigt werden, was den Kontrast des projizierten Bildes erhöht, und auch gleich als Zeichengrundlage dienen kann. Zur Projektion sollten nur Huygens-Okulare zum Einsatz kommen, Okulare mit verkitteten Linsen oder Plastikgehäusen können durch die Hitze beschädigt werden. Die Projektionsmethode ist vor allem so beliebt, weil mehrere Personen gleichzeitig das Sonnenbild beobachten können. Aufgepasst werden sollte, dass niemand versucht direkt durch das Teleskop zu schauen. Nie vergessen, das Sucherteleskop abzudecken!

Den Durchmesser des Sonnenbilds auf dem Schirm kann man sich vorher berechnen oder durch ein hinter das Teleskop gehaltenes Papier ausmessen um einen guten Abstand zum Okular zu wählen.

Sonnenbild = 0,5 × Abstand vom Brennpunkt × Vergrößerung

Optimale Ergebnisse erzielt man, wenn in einen dunklen Raum hinein projiziert wird. Zenitprismen und Zenitspiegel sollte man dazu möglichst nicht verwenden, denn vor allem beim Prisma können sich Glas und Gehäuse bis zur Beschädigung aufheizen.

Mit katadioptrischen Teleskopen ist die Sonnenprojektion nicht ratsam, denn die Luft im geschlossenen Tubus heizt sich auf und die Fangspiegelhalterung aus Kunststoff kann schmelzen. Deswegen wird mit diesen Geräten, ebenfalls mit dem Newton-Spiegel, meist mit Objektivsonnenfilter beobachtet. Diese Filter bestehen aus bedampftem Glas oder einer speziellen sehr dünnen Folie, die in einem Rahmen gefasst ist und direkt auf die Fernrohröffnung gesteckt wird. Es ist Geschmackssache was besser ist, das gelborange Bild der Glasfilter oder das graublaue der Filterfolie (es gibt auch Folien, die ein gelbes Sonnenbild erzeugen). Die Folie kann man auch ohne Rahmen kaufen und sich je nach Bedarf zurechtschneiden und zum Beispiel für das Sucherteleskop einen Filter basteln. Die Filter werden in verschiedenen Dichten angeboten, von ND 3 (»Neutrale Dichte« von drei Größenordnungen, das heißt 1/1000 des Lichtes wird transmittiert) bis ND 5 (1/100 000 des Lichts wird transmittiert). Für die visuelle Beobachtung wird generell ein Filter der Dichte 5 empfohlen. Wer gerne höher vergrößert, wird dies als zu dunkel empfinden und lieber einen ND 4-Filter nehmen und dann mit einem Neutralfilter im Okular nachdunkeln. Bei der Verwendung von Filterfolie ist eventuell ein zusätzlicher UV/IR Sperrfilter erforderlich. Es gilt der Grundsatz: Nachfiltern kann man immer, aufhellen nie.

Abb. 1-40: Sonnenbeobachtung mit Hilfe eines Objektivfilters – links ein Filter aus Glas und selbstgebaute Objektivfilter mit Filterfolie rechts.

Zwei eher selten angewandte Methoden, die mit der Lichtbrechung in Glasprismen arbeiten, sind der Herschelkeil und das Sonnenokular nach Brandt. Bei beiden wird das gesamte Sonnenlicht durch das

Abb. 1-41: Ein H-alpha-Filter wird auf die Teleskopöffnung aufgesteckt (oben). Es gibt auch komplette H-alpha-Teleskope mit festeingebautem Filtersystem (unten).

Teleskop in einen Glaskörper gelassen, wo ein kleiner Teil für die Beobachtung herausgespiegelt wird. Auch diese Methoden sind sicher, wenn auch nur sinnvoll an einem Refraktor durchzuführen. Solche Sonnenprismen sind manchmal auch für kleine Teleskope zu erwerben und sind mit einem Okularfilter kombiniert, der das immer noch sehr helle Bild weiter abdunkelt.

Mit der Sonnenprojektion, Objektivfiltern aus Glas oder Sonnenprismen lässt sich die Sonne nur im sogenannten Weißlicht beobachten. In einigen Wellenlängen, die die Sonnenatmosphäre ausstrahlt, können aber wesentlich mehr Einzelheiten wahrgenommen werden. Für die Beobachtung dieser Phänomene sind jedoch spezielle Filter nötig.

H-alpha-Filter zeigen die Sonne im roten Licht der Wasserstofflinie. Sie bestehen meist aus zwei Teilen, einem Filterelement sowie einem Blockfilter. Das Filterelement wird in einer Fassung auf die Teleskopöffnung wie ein Objektivsonnenfilter gesteckt. Je größer der Durchmesser, desto mehr Details werden zu sehen sein.

Der zusätzliche Blockfilter ist meist in einem Zenitprisma integriert und unbedingt erforderlich. Sein Durchmesser bestimmt, wie groß der Ausschnitt am Himmel ist, der mit dem Filtersystem beobachtet werden kann. Dies ist von der Brennweite des verwendeten Teleskops abhängig. Die gesamte Sonnenscheibe sollte sich auf einmal überblicken lassen.

Die Qualität der Filterung wird durch die Halbwertsbreite des Filters ausgedrückt. Je kleiner diese ist, desto schärfer sind die Einzelheiten zu sehen.

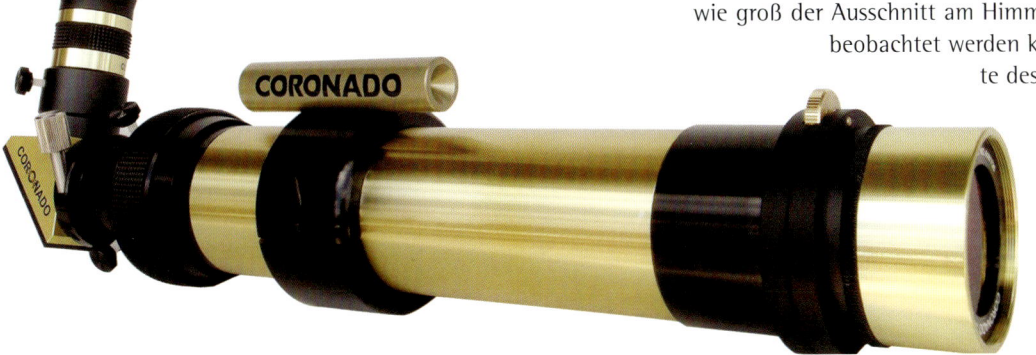

Fotoausrüstung

Nahezu jeder Teleskopbesitzer möchte durch sein Fernrohr auch Fotos machen. Die Astrofotografie erfordert viel instrumentellen Einsatz und Geduld. An dieser Stelle werden nur Tipps für erste Schritte gegeben. Mehr zu den verschiedenen Methoden der Astrofotografie ist ab Seite 87 zu finden.

■ Kameras

Nicht jede Kamera ist gleichermaßen für die Fotografie von Mond und Sternen geeignet, aber mit jedem Typ lassen sich erste Schritte wagen. Eine astronomietaugliche Kamera sollte über folgende Eigenschaften verfügen:

- Lange Belichtungen möglich. Die Kamera sollte über eine Möglichkeit der manuellen Einstellung von Belichtungszeiten länger als 10 Sekunden verfügen. Spiegelreflexkameras verfügen zu diesem Zweck über einen Anschluss für einen Drahtauslöser.
- Autofokus ausschaltbar. Die automatischen Scharfstellroutinen der meisten Kameras kommen mit astronomischen Motiven nicht zurecht. Besser ist es, wenn Sie die Kamera manuell scharfstellen können.
- Blitz ausschaltbar. Die dunklen Motive am Sternhimmel führen zur automatischen Auslösung der Blitzfunktion, die bei astronomischen Motiven unsinnig ist.
- Objektiv entfernbar. Kameraobjektive sind nicht auf das Zusammenspiel mit Teleskopoptiken ausgelegt. Bei den meisten Methoden der Astrofotografie wird daher auf das Objektiv der Kamera verzichtet und direkt mit der Fernrohroptik fotografiert. Wenn sich die Kameralinse nicht entfernen lässt, ergeben sich Einschränkungen in der Benutzbarkeit.

Abb. 1-42: Digitale Kompaktkameras (oben) sind kaum, Spiegelreflexkameras (unten) dagegen voll für die Astrofotografie einsetzbar.

Die traditionellen fotochemischen Kameras werden praktisch nicht mehr in der Astrofotografie eingesetzt. Dazu führen mehrere Nachteile der Aufnahme auf Film wie
- lange Belichtungszeiten erforderlich
- empfindliche Filme haben große Körnigkeit
- Film muss in einem Labor entwickelt werden
- Filmentwicklung in Labors nicht auf Astro-Motive abgestimmt
- Ergebnis nicht gleich sichtbar

Sie wurden nahezu vollständig von den Digitalkameras abgelöst.
- **digitale Kompaktkameras** sind am meisten verbreitet. Sie verfügen über ein Objektiv meist geringer Brennweite, das nicht entfernt werden kann. Man kann mit ihnen nur durch ein mit einem Okular bestücktes Fernrohr fotografieren (Okularprojektion), die direkte Fotografie durch das Fernrohr (Fokalfotografie) ist nicht möglich. Dies schließt das Fotografieren von großflächigen Objekten aus, es bleiben lediglich Motive wie Mond und Sonne. Weil die Kamerachips nicht für lange Belichtungszeiten gedacht sind, lassen sich solche meist kaum sinnvoll realisieren.
- **digitale Spiegelreflexkameras** erlauben den Wechsel des Objektivs. Diese Kameras können daher für alle Bereiche der Astrofotografie eingesetzt werden, und lassen sich auch selbst mit verschiedenen Teleobjektiven bestücken. Die Qualität der Chips ist meist wesentlich größer als bei den Kompaktkameras, ebenso die Auflösung. Auch die Spiegelreflexkameras sind jedoch urspünglich nicht für die Astrofotografie konzipiert und haben deshalb Defizite insbesondere bei sehr langen Belichtungszeiten, wie sie für schwache Objekte erforderlich sind.

Abb. 1-43: Webcams stellen ein besonders preiswertes Werkzeug für die Fotografie von Mond und Planeten dar. Um sie zu verwenden, muss allerdings das Objektiv (oben) durch eine Okularsteckhülse ersetzt werden (unten).

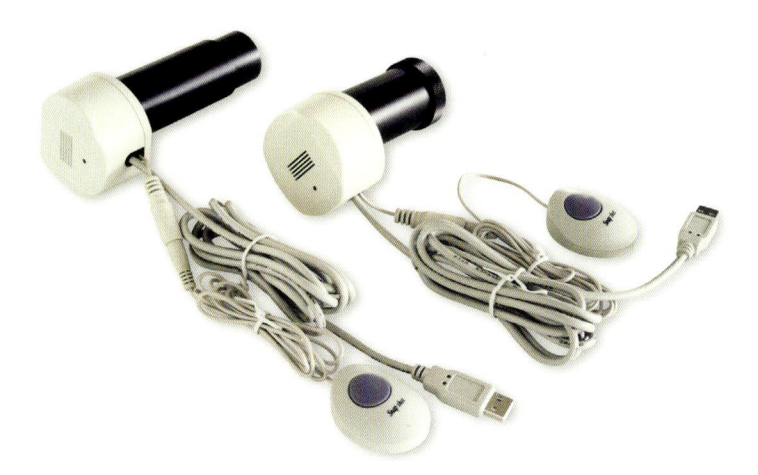

- **Webcams** sind kleine Videokameras, die normalerweise für Bildübertragungen ins Internet verwendet werden. Bei manchen Modellen lässt sich das Objektiv entfernen und durch eine Okularsteckhülse ersetzen, so dass diese Kameras auch für die Fokalfotografie am Fernrohr geeignet sind. Da die Aufnahmechips der Webcams sehr klein sind, zeigen die Kameras nur einen sehr kleinen Ausschnitt am Himmel. Sie sind deswegen hauptsächlich für die Aufnahme von Mond und Planeten geeignet. Notwendig zum Betrieb ist ein Computer, an den die Kamera angeschlossen ist.

- **CCD-Kameras** sind extra für die Astrofotografie entworfen. Sie haben große lichtempfindliche Chips, verfügen nicht über ein eigenes Objektiv und lassen sich direkt an ein Fernrohr anschließen. Damit können sie sowohl zur Fokalfotografie als auch Okularprojektion eingesetzt werden.

Abb. 1-44 : CCD-Kameras lassen sich für die Astrofotografie (links), aber auch für die Korrektur der Nachführung während einer Aufnahme als Autoguider verwenden (rechts). Dabei ist die Kamera direkt mit der Nachführung der Montierung verbunden und korrigiert sie.

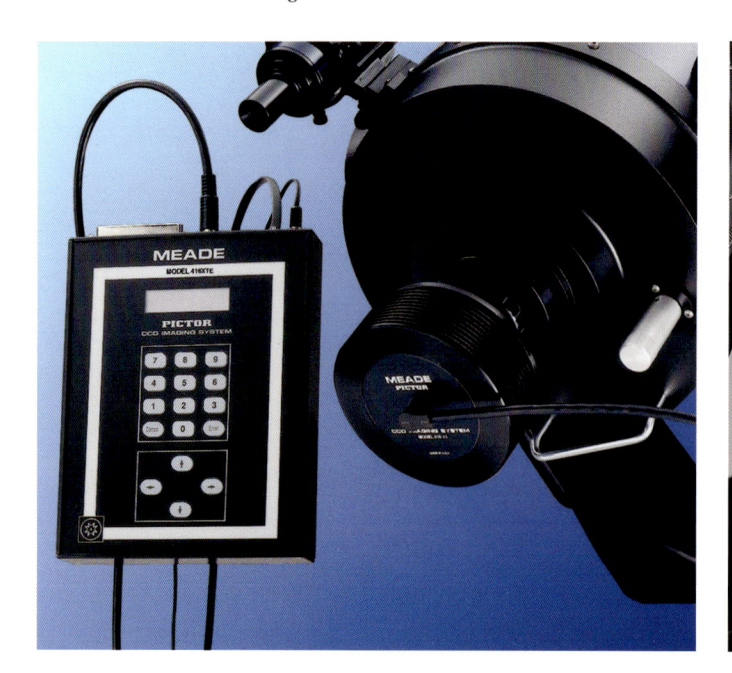

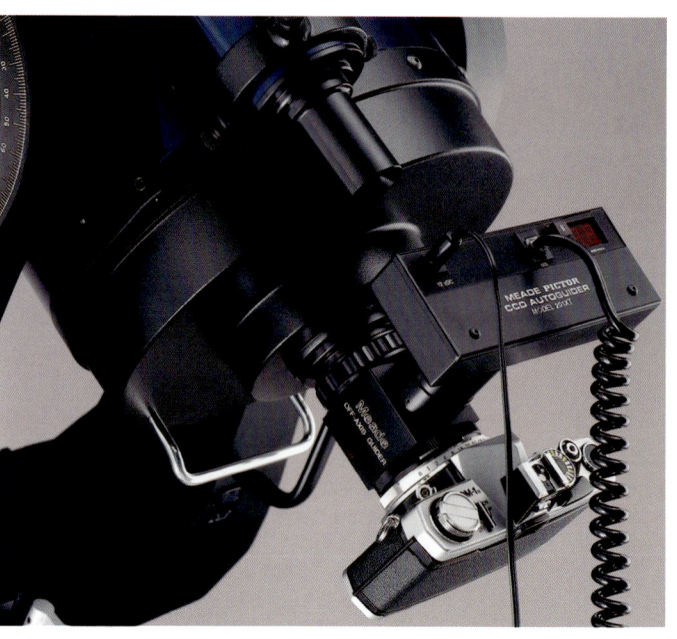

Kamera-Halterungen

Für die Astrofotografie benötigt man unterschiedliches Zubehör, je nachdem ob man durch das Teleskop selbst fotografiert, oder nur seine Montierung nutzt. Außer für kurz belichtete Übersichtsaufnahmen ist eine parallaktische Montierung notwendig, um die Erddrehung während der meist mehrere Minuten dauernden Belichtungszeiten ausgleichen zu können.

Bei der »Piggyback«-Fotografie benutzt man nicht das Fernrohr selbst, sondern setzt die Kamera huckepack auf die parallaktische Montierung. Die Kamera muss dazu an ihrer Unterseite mit einem Fotogewinde zur Befestigung auf Stativen ausgerüstet sein.

Eine Halterung mit dem passenden Gegenstück zum Fotogewinde, die an der Oberseite des Fernrohrtubus, auf einer Rohrschelle oder an der Gegengewichtsstange der Montierung angebracht wird, erlaubt die feste Anbringung der Kamera. Manche Rohrschellen sind an ihrer Oberseite schon mit einem Fotogewinde ausgestattet. Praktisch ist es, wenn das Gewinde mit einem Kugelkopf kombiniert wird, dann kann man die Kamera auch ohne Mühe auf das gewünschte Feld einstellen.

Einsetzbar für diese Technik sind digitale Spiegelreflexkameras und Kompaktkameras, die eine längere Belichtung zulassen.

Abb. 1-45 : Verschiedene Kamerahalterungen für die Piggyback-Fotografie: Rohrschelle mit Fotogewinde (oben links), Halterung für einen Schmidt-Cassegrain-Tubus (oben rechts) und Klemmung an der Gegengewichtsstange einer deutschen Montierung.

Kamera-Adapter

Zur Fotografie von Sonne und Mond durch das Fernrohr (Fokalfotografie) wird das Objektiv der Kamera abgeschraubt, und die Kamera anstelle des Okulars an das Teleskop gesetzt - dies ist im Allgemeinen nur mit Spiegelreflexkameras möglich. Dazu benötigt man einen speziellen Adapter, der auf den Okularauszug aufgesteckt (oder geschraubt) wird. Dieser Kameraadapter besitzt kameraseitig ein M42×0,75-Gewinde (T-Gewinde). Um die Kamera anschießen zu können, ist zusätzlich noch ein sogenannter T-Ring notwendig, der auf die verschiedenen Gewinde der Kamerahersteller übersetzt.

Bei digitalen Kompaktkameras lässt sich das Objektiv der Kamera meistens nicht entfernen. Hier muss in Okularprojektion fotografiert werden. Dabei verbleibt das Okular im Auszug des Fernrohrs, während die Kamera mit Objektiv hinter diesem montiert wird. Je nach Kameratyp sind eigene Adapter oder eine sogenannte Digiklemme notwendig.

Die preiswerteste Art, Astrofotografie zu betreiben, ist der Einsatz kleiner Videokameras, die als Zubehör für Computer angeboten werden. Diese Webcams (engl. für »Internet-Kamera«) können für die Fokalfotografie und für die Okularprojektion eingesetzt werden. Dazu wird die Kamera direkt in den Okularstutzen des Fernrohrs gesteckt und mit einem Computer verbunden.

Für langbelichtete Astrofotos durch Teleskope werden hauptsächlich CCD-Kameras (engl. charges coupled devices) verwendet. Diese sehr empfindlichen Geräte sind mit kleinen Chips ausgerüstet und werden direkt in den Auszug des Teleskops gesteckt. Die Bedienung geschieht durch einen zusätzlich notwendigen Computer. Relativ preiswert sind einfache Schwarzweiß-Kameras, aufwendig und teuer dagegen hochentwickelte Farb-CCD-Kameras.

Abb. 1-46: Eine Spiegelreflexkamera wird mit einem T-Ring (rechts) und einem Kameraadapter (unten) an das Fernrohr angeschlossen. Der Kameraadapter wird dann wie ein Okular in den Okularauszug des Fernrohrs gesteckt - hier abgebildet ist ein Adapter für 31,8mm-Okularauszüge.

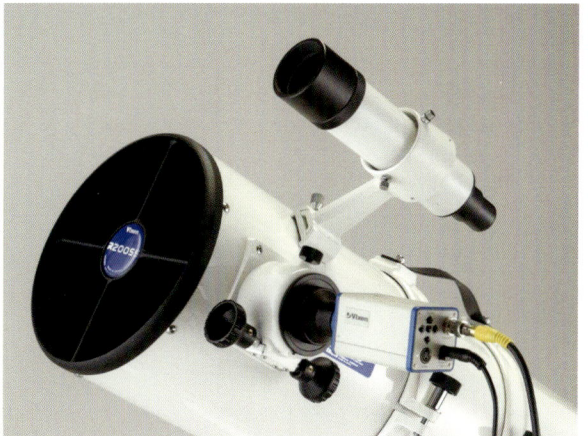

Abb. 1-47: CCD-Kameras (links) oder Videokameras (rechts) werden ebenfalls fokal im Brennpunkt des Teleskops eingesetzt. Die Befestigung erfolgt wie bei einem Okular direkt mit der Anschlusshülse der Kamera, die man auch bei Bedarf nachrüsten kann.

Abb. 1-48: Für die Okularprojektion, also die Fotografie durch das am Fernrohr eingesteckte Okular, werden spezielle Adapter und eigens dafür gefertigte Okulare angeboten. In diesem Beispiel wird die Augenmuschel des Okulars entfernt (links) und an ihrer Stelle ein spezieller Adapter mit T-Gewinde angebracht.

■ Astrofotografie-Hilfsmittel

Die Bildfehler astronomischer Teleskope, insbesondere bei Teleskopen mit kurzen Brennweiten, erfordern eine nachträgliche Korrektur für die lang belichtende Astrofotografie. Dazu werden Korrektoren in den Strahlengang eingebracht. Diese Linsensysteme werden an einer bestimmten Stelle in Relation zu Brennpunkt und Kamera fest am Okularauszug verschraubt. Der Anschluss erfolgt über das T2-System, andere, Hersteller-eigene Schraubanschlüsse oder wie bei einer Barlowlinse mit Steckhülse in den typischen Okular-Steckdurchmessern.

Die Brennweite und damit die Belichtungszeit verkürzen Reduzier- oder Shapleylinsen. Ähnlich den Barlowlinsen besitzen sie einen Faktor, der mit der Brennweite des Teleskops multipliziert wird.

Fotografiert man direkt durch das Teleskop, ist der Okularauszug durch die Kamera schon belegt. Ein Off-Axis-Guider, der zwischen Kamera und Teleskop geschraubt wird, spiegelt Licht aus dem Strahlengang des Fernrohrs in einen extra Okularstutzen, der wiederum ein Fadenkreuzokular aufnehmen kann. Leitsterne können nun aber nur am Rand des Gesichtsfeldes gefunden werden.

Die Alternative ist die Benutzung eines separaten Leitfernrohrs, das auf dem Hauptfernrohr huckepack montiert wird. Die nachführkontrolle geschieht nun mittels Fadenkreuzokular am Leitfernrohr. Dieses sollte mindestens die halbe Brennweite des Hauptteleskops haben und möglichst parallel montiert sein.

Abb. 1-49: Nur fotografisch sinnvoll einsetzbar sind Fokalreduzierer bzw. Korrektorlinsen. Sie werden zwischen Okularauszug und Kamera eingesetzt.

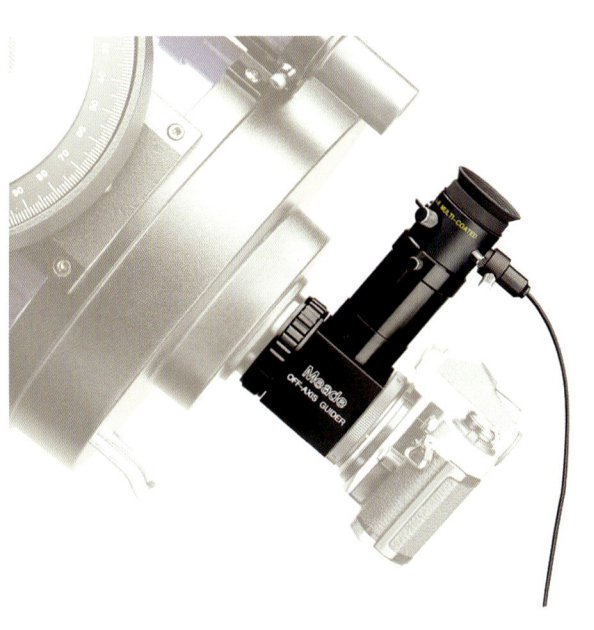

Abb. 1-50: Wird direkt durch das Teleskop fotografiert, kann das Fadenkreuzokular mit einem Off-Axis-Guider verwendet werden, der Licht aus dem Strahlengang herausspiegelt (oben). Damit können zwar nur noch schwächere Leitsterne verwendet werden, da das meiste Licht ja der Kamera vorbehalten bleibt, jedoch entfällt so der Aufwand für ein extra Leitfernrohr. Die meisten Off-Axis-Guider sind rotierbar ausgeführt, so dass zum einen das Okular in eine günstige Einblickposition geführt wird, und zum anderen ein passender Leitstern aus einem Feld rund um das Zielobjekt gesucht werden kann (rechts).

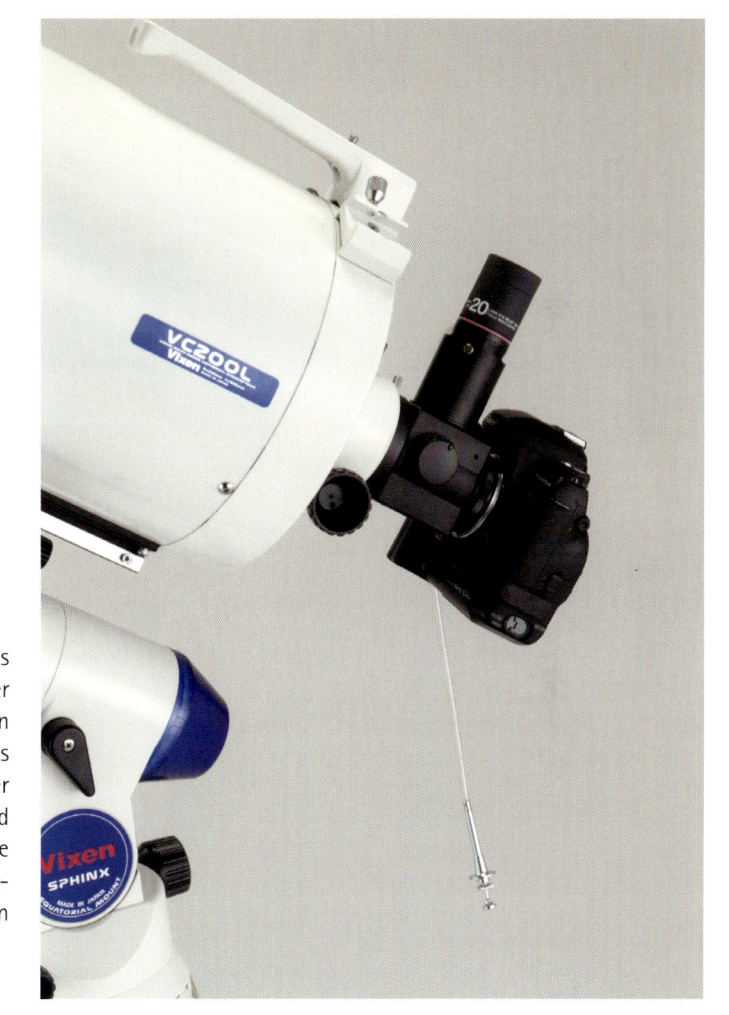

Zweiter Schritt: Die Fernrohrleistung einschätzen

Die wichtigsten Kennwerte eines astronomischen Fernrohrs sind seine Öffnung und die Brennweite. Ihre Angabe ist unabhängig von der Konstruktion des Teleskops.

Öffnung, Durchmesser der Linse oder des (Haupt-)Spiegels in mm
▶ bestimmt das Lichtsammel- und Auflösungsvermögen des Teleskops

Brennweite, Abstand Objektivlinse oder Spiegel zum Brennpunkt in mm
▶ bestimmt die Größe des Fernrohrbildes in der Brennebene

- je größer die Öffnung, desto mehr Licht kann das Teleskop sammeln und desto schwächere Sterne zeigt es
- je größer die Öffnung, desto kleinere Einzelheiten kann das Teleskop auflösen und desto feinere Details zeigt es
- je größer die Öffnung, desto mehr beeinträchtigt die irdische Luftunruhe das Bild und desto seltener kann das Teleskop seine volle Leistung zeigen

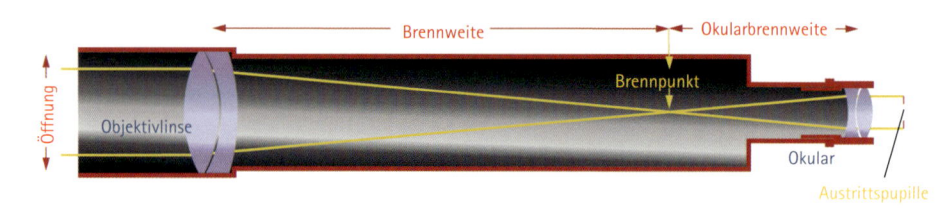

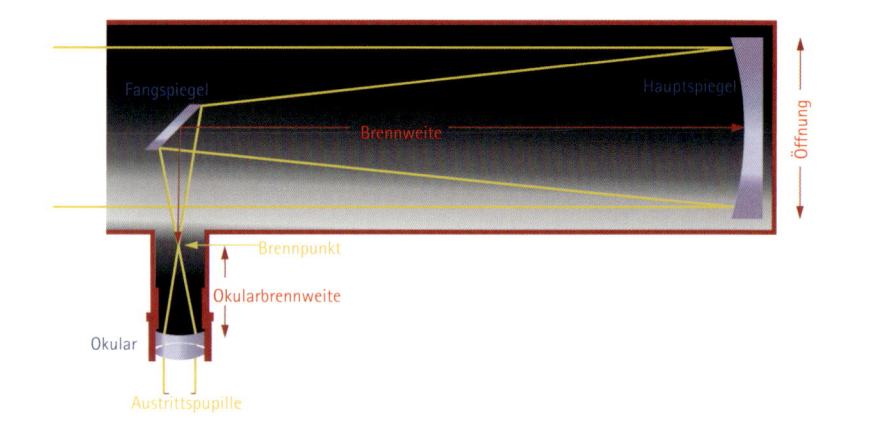

Abb. 2-1: Grundgrößen eines astronomischen Fernrohrs (schematisch).

- je länger die Brennweite, desto weniger muss das Bild mit dem Okular nachvergrößert werden; die Brennweite hat aber nicht – wie manchmal behauptet – irgendeinen Einfluss auf die Leistungsfähigkeit des Fernrohrs

Aus Öffnung und Brennweite ergeben sich weitere Größen, die man aus ihnen berechnen kann:

Öffnungsverhältnis = Öffnung / Brennweite
▶ das reziproke Öffnungsverhältnis wird **Öffnungszahl** genannt

Beispiel: Ein Teleskop mit einer Öffnung von 60mm und einer Brennweite von 900mm hat ein Öffnungsverhältnis von f/15 und eine Öffnungszahl von 15.

Vergrößerung = Teleskopbrennweite / Okularbrennweite
▶ gibt den Vergrößerungsfaktor an, unter dem die Winkelgröße des Objektes gegenüber der Beobachtung mit bloßem Auge gesehen wird; Okulare unterschiedlicher Brennweite ergeben unterschiedliche Vergrößerungen

Beispiel: Ein Teleskop mit einer Brennweite von 900mm ergibt mit einem Okular von 12mm Brennweite eine Vergrößerung von 75-fach (75×).

Lichtsammelvermögen = Öffnung^2 in mm^2 / 49
▶ gibt die Menge des gesammelten Lichts im Vergleich zum bloßen Auge (7mm Öffnung) an; es ist die Maßzahl dafür, wieviel Licht das Fernrohr bündeln kann, und welche schwachen Sterne damit noch erreichbar sind

Beispiel: Ein Teleskop mit 60mm Öffnung hat ein Lichtsammelvermögen von 73×.

Austrittspupille = Öffnung / Vergrößerung
▶ gibt den Durchmesser des Lichtbündels an, das aus dem Teleskop aus-

Wichtige Grundgrößen einiger gängiger Einsteiger-Fernrohre

Öffnung	Brennweite	Öffnungs-verhältnis	Lichtsammel-vermögen	Auflösungs-vermögen	Vergrößerung 25mm-Okular	Austrittspupille 25mm-Okular	Vergrößerung 9mm-Okular	Austrittspupille 9mm-Okular
60mm	700mm	f/11,7	73×	2,3"	28×	2,1mm	78×	0,8mm
76mm	700mm	f/9,2	117×	1,8"	28×	2,7mm	78×	1,0mm
90mm	1250mm	f/13,8	165×	1,5"	50×	1,8mm	138×	0,7mm
100mm	1000mm	f/10	204×	1,4"	40×	2,5mm	111×	0,9mm
114mm	900mm	f/7,9	265×	1,2"	36×	3,2mm	100×	1,1mm
200mm	2000mm	f/10	816×	0,69"	80×	2,5mm	222×	0,9mm

tritt. es ist die Maßzahl dafür, wieviel vom Fernrohr gesammelten Licht im Auge des Beobachters ankommt; das menschliche Auge kann maximal 7mm nutzen; jede größere Austrittspupille verschenkt das im Teleskop gesammelte Licht. Flächige Himmelsobjekte erscheinen bei 7mm Austrittspupille maximal hell.

Beispiel: Ein Teleskop mit 60mm Öffnung hat bei 75-facher Vergrößerung eine Austrittspupille von 0,8mm. Die Tabelle (siehe S. 45) zeigt anschaulich die verschiedenen Größen in der praktischen Berechnung.

Auflösungsvermögen in Bogensekunden = 138 / Öffnung in mm
▶ gibt die Winkelgröße an, bei der das Teleskop noch Einzelheiten trennt; es ist die Maßzahl dafür, wie feine Einzelheiten ein Teleskop theoretisch zeigen kann; bei astronomischen Beobachtungen gilt die Formel exakt nur für gleich helle, nicht zu schwache Komponenten eines Doppelsternsystems

Beispiel: Ein Teleskop mit 60mm Öffnung besitzt ein Auflösungsvermögen von 2,3".

Da sich alle wichtigen Angaben eines Teleskopes aus den beiden Werten Öffnung und Brennweite errechnen lassen, klassifiziert man astronomische Fernrohre nach diesen Werten. Dabei gibt es zwei gebräuchliche Schreibweisen:

deutsche Schreibweise: Öffnung / Brennweite jeweils in mm
Beispiel: 60/900

amerikanische Schreibweise: Öffnung in Zoll, Öffnungsverhältnis
Beispiel: 2,4" f/15

Auch im deutschen Sprachgebiet hat die Angabe der Fernrohröffnung in Zoll (") Tradition. 1 Zoll entspricht 25,4mm, ein Fernrohr mit 50mm Öffnung wird deshalb auch als »Zweizöller« bezeichnet.

Die Baulänge des Tubus eines Fernrohrs hängt von seiner Konstruktion ab und kann wesentlich kürzer als die Brennweite sein.

Refraktor	= Brennweite
Newton	= Brennweite – Tubusradius
Cassegrain	= Brennweite / 2
Schmidt-Cassegrain	= Brennweite / 4
Maksutov	= Brennweite / 4

Umrechnung Zoll-mm

1"	2"	3"	4"	6"	8"	10"	12"	14"	20"
25,4mm	50,8mm	76,2mm	101,6mm	152,4mm	203,2mm	254,0mm	304,8mm	355,6mm	508,0mm

Lichtsammelvermögen

Die wichtigste Fähigkeit eines Teleskopes ist es, Licht zu sammeln. Diese Fähigkeit steigt quadratisch mit zunehmendem Durchmesser an, da die optisch wirksame Fläche entscheidend ist. Somit kann man mit immer größeren Teleskopen auch immer schwächere Sterne sehen.

Lichtsammelvermögen = Öffnung^2 in mm^2 / 49

Als Grenzgröße bezeichnet man die Helligkeit der schwächsten sichtbaren Sterne. Die Grenzgröße mit bloßem Auge, also ohne Fernrohr beträgt ca. 6^m (zur Nomenklatur der Helligkeitsangaben siehe Schritt 4), ist aber davon abhängig, wie stark der Mensch durch Lampen den Nachthimmel aufhellt. Durch diese sogenannte Lichtverschmutzung sind heute nahe der Städte nur noch sehr wenig Sterne sichtbar.

Durch seine lichtsammelnde Wirkung kann man im Fernrohr schwächere Sterne als mit bloßem Auge sehen, die Grenzgröße steigt also an. Wie groß die resultierende Grenzgröße mit dem Teleskop tatsächlich ist, bleibt aber abhängig von der Grenzgröße mit bloßem Auge.

Es gibt geeichte Testfelder am Himmel, mit deren Hilfe man die Grenzgröße im Teleskop prüfen kann. Eines der bekanntesten ist das Gebiet um den Himmelsnordpol (siehe S. 48).

Grenzgröße mit bloßem Auge unter verschiedenen Bedingungen

Bedingungen	Grenzgröße	Anzahl sichtbarer Sterne
Großstadt	2^m	100
Vorstadt	4^{m}5	800
ländliche Gemeinden	5^{m}5	2000
schlechter Landhimmel	6^{m}0	4000
guter Landhimmel	6^{m}5	6000
Alpenhimmel	7^{m}0	9000
Namibisches Hochland	7^{m}5	15 000

Grenzgröße im Teleskop unter verschiedenen Bedingungen

Teleskopöffnung	Lichtsammelvermögen	Grenzgröße bei 4^{m}5	Grenzgröße bei 6^{m}5	Anzahl Sterne bei 6^{m}5 Grenzgröße
50mm	51 × bloßes Auge	9^{m}0	11^{m}0	900 000
60mm	73 × bloßes Auge	9^{m}5	11^{m}5	1 500 000
70mm	100 × bloßes Auge	10^{m}0	12^{m}0	2 300 000
100mm	204 × bloßes Auge	11^{m}5	13^{m}5	8 000 000
200mm	816 × bloßes Auge	13^{m}0	15^{m}0	> 20 000 000

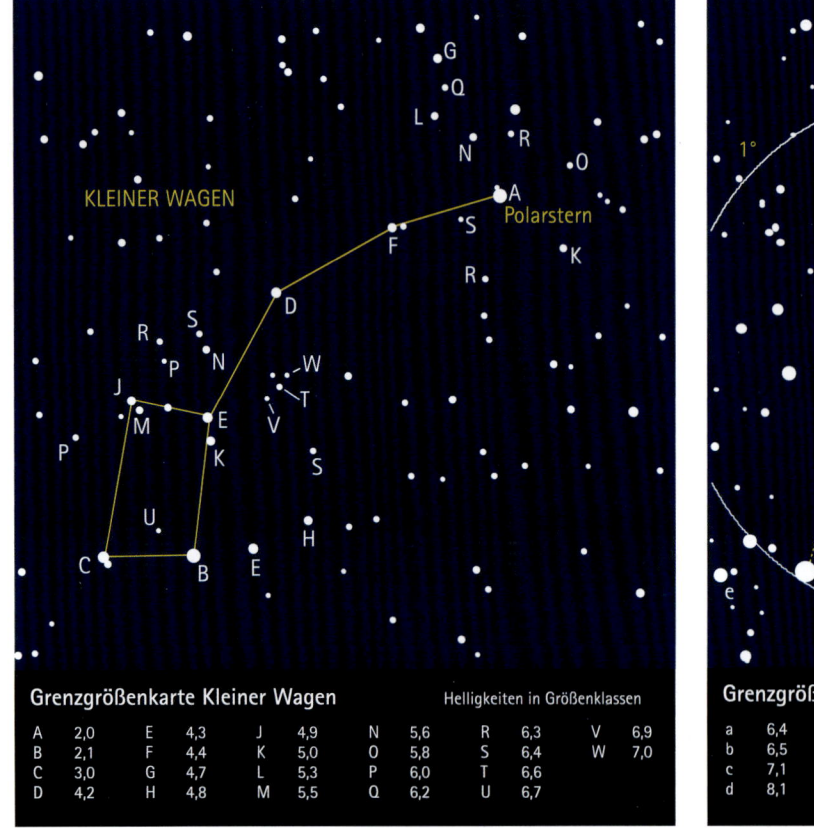

Abb. 2-2: Die Polsequenz – links zur Bestimmung der Grenzgröße mit bloßem Auge, rechts zur Bestimmung der teleskopischen Grenzgröße.

Austrittspupille

Die Austrittspupille ist der Durchmesser des Lichtbündels, welches aus dem Okular austritt – es wird also damit ausgesagt, wie viel des vom Fernrohr gesammelten Lichts durch das Okular ins menschliche Auge kommt. Der maximale Durchmesser, den unser Auge in dunkeladaptiertem Zustand fassen kann, ist etwa 7mm. Dadurch ist auch die kleinste sinnvolle Vergrößerung festgelegt, denn wird die Austrittspupille größer als die Augenpupille, geht durch die Optik gebündeltes Licht wieder verloren, weil das Auge nicht mehr alles aufnehmen kann.

Austrittspupille = Öffnung / Vergrößerung
= Okularbrennweite / Öffnungszahl

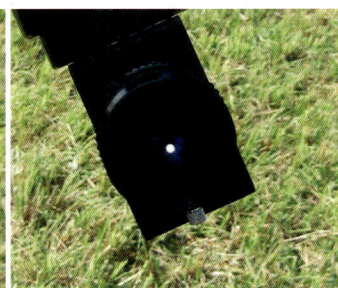

Abb. 2-3: Austrittspupille hinter dem Fernrohr – links langbrennweitiges Okular, rechts kurzbrennweitiges Okular.

Das bedeutet in der Praxis: Das meiste Licht erreicht nur bei Minimalvergrößerung das Auge, mit jeder höheren Vergrößerung wird Licht verschenkt. Das heißt aber auch: Die Flächenhelligkeit eines ausgedehnten schwachen Nebels ist mit 60mm Öffnung bei 10× (= 6mm Austrittspupille) genauso groß wie mit 200mm bei 33×. Größere Teleskope zeigen aber aufgrund ihres Lichtsammelvermögens mehr Sterne und aufgrund des Auflösungsvermögens mehr Details.

Beispiele für Austrittspupillenwerte und Minimalvergrößerung

Öffnung	maximale Austrittspupille	Minimal-vergrößerung	feste Beispiel-vergrößerung	Austrittspupille
60mm	7mm	8,6×	50×	1,2mm
76mm	7mm	11×	50×	1,5mm
90mm	7mm	13×	50×	1,8mm
100mm	7mm	14×	50×	2,0mm
114mm	7mm	16×	50×	2,3mm
200mm	7mm	29×	50×	4,0mm

Auflösungsvermögen

Das Auflösungsvermögen wird ebenfalls vom Durchmesser der Optik bestimmt. Je größer die Teleskopöffnung, desto feinere Einzelheiten kann das Teleskop zeigen.
Die Auflösung wird durch die Größe des zentralen Scheibchens bestimmt, zu dem das Teleskop einen Stern abbildet. Dieses Scheibchen wird mit zunehmender Öffnung immer kleiner.

Größe des Sternbildchens (Beugungsscheibchens) =
138 / Öffnung in mm

Dabei ist die Größe des Scheibchens stark abhängig von der Wellenlänge, sie wird generell für grünes Licht (550nm) angegeben. Die Größe des Beugungsscheibchen ist für violettes Licht: 91 / Öffnung, für rotes Licht: 194 / Öffnung.

Für die Auflösung von zwei gleich hellen, nicht zu schwachen Lichtpunkten (Doppelsternen!) gelten folgende Formeln:

Rayleigh-Kriterium:
▶ Doppelsterne sind deutlich mit dunklem Zwischenraum getrennt

Auflösung in Bogensekunden = 138 / Öffnung in mm

Dawes-Kriterium:
▶ Doppelstern ist in Form einer »8« ohne Zwischenraum getrennt

Auflösung in Bogensekunden = 116 / Öffnung in mm

<u>Beispiel:</u> Ein Teleskop mit 60mm Öffnung trennt zwei gleichhelle Sterne, die 1,9" Distanz haben, gerade so; Sterne mit 2,3" Distanz dagegen mit deutlich dunklem Zwischenraum.

Diese Werte gelten nicht für Sternpaare, die relativ schwach sind, oder solche, deren Helligkeiten weit auseinander liegen – hier braucht man mehr Öffnung. Einen gewissen Einfluss spielt auch die Obstruktion bei Newton- und katadioptrischen Teleskopen. Besonders Systeme mit geringen Öffnungsverhältnissen (f/4–f/7) benötigen relativ große Fangspiegel, daher erreichen solche Spiegelteleskope oft nicht so gute optische Leistungen wie Refraktoren (siehe auch Abschnitt »Obstruktion« weiter unten).

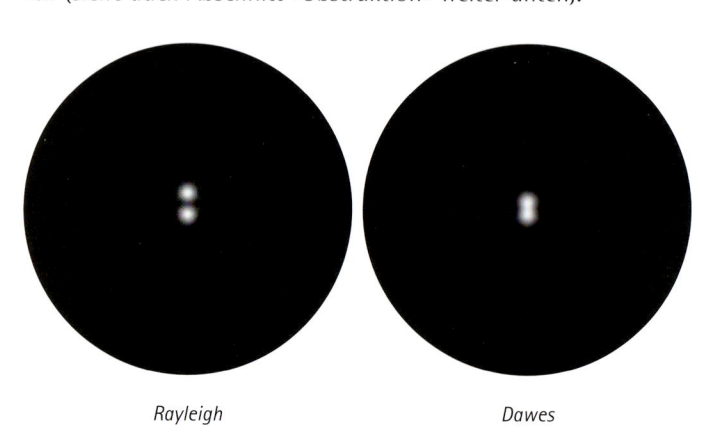

Rayleigh *Dawes*

Abb 2-4: Die Trennung eines Doppelsternsystems mit gleich hellen Komponenten.

Auflösungsvermögen von Planeteneinzelheiten
(ohne Obstruktion):
- Punkt: 39 / Öffnung in mm
- Linie: 23 / Öffnung in mm
- Doppellinie: 174 / Öffnung in mm

Beispiel: Ein Teleskop mit 60mm Öffnung zeigt einen Punkt (Jupitermondschatten), wenn er 0,65" Durchmesser hat, eine Linie (Ringteilung Saturn), wenn sie 0,38" Durchmesser hat, und eine Doppellinie (Mondrille), wenn sie 2,9" Abstand aufweist.

Auflösungswerte gängiger Einsteiger-Teleskope
(ohne Berücksichtigung der Obstruktion)

Öffnung	Rayleigh-Kriterium	Dawes-Kriterium
60mm	2,30"	1,93"
76mm	1,82"	1,53"
90mm	1,53"	1,29"
100mm	1,38"	1,16"
114mm	1,21"	1,02"
200mm	0,69"	0,58"

Mond- und Planetendetail zum Test des Auflösungsvermögens
(perfekte Optik ohne Obstruktion)

50–60mm	Saturnring mit Schatten
60–80mm	Jupitermond-Schatten
80–100mm	Cassini-Teilung, Saturnringe
100–120mm	Jupitermonde sichtbar als Scheibchen
120–150mm	Triesnecker-Rillensystem, Mond
150–200mm	Kleinstkrater im Krater Plato, Mond

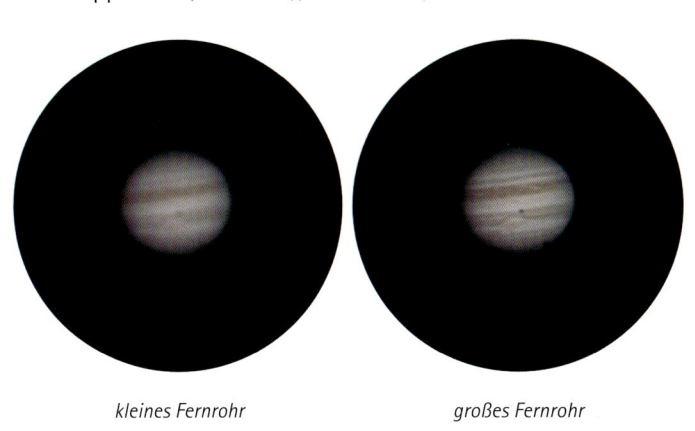

kleines Fernrohr   *großes Fernrohr*

Abb 2-5: Jupiter bei gleicher Vergrößerung in Fernrohren verschiedener Größe. Im großen Teleskop sind feinere Einzelheiten sichtbar.

Vergrößerung

Das Fernrohrbild im Brennpunkt kann mit verschiedenen Okularen unterschiedlich stark nachvergrößert werden. Mit jedem Fernrohr lassen sich also beliebige Vergrößerungen erzielen – die Vergrößerung sagt damit nichts über die Leistungsfähigkeit des Fernrohrs aus.

Vergrößerung = Fernrohrbrennweite / Okularbrennweite
= Öffnung / Austrittspupille

Einsteiger trachten oft danach, eine möglichst hohe Vergrößerung einzusetzen. Praktisch ist das einfach möglich, man muss ja nur ein Okular mit kurzer Brennweite ins Teleskop stecken. Aber bringt das auch etwas?

minimale Vergrößerung = Öffnung in mm / 7
▶ unterhalb dieser Vergrößerung wird Licht verschenkt

Die Vergrößerung kann nur die durch die Optik fokussierte Lichtmenge und ihr Auflösungsvermögen ausnutzen. Die minimale Vergrößerung wurde bereits erwähnt, sie lässt das meiste Licht ins Auge. Für höhere Vergrößerungen gelten folgende Regeln:

förderliche Vergrößerung = Öffnung in mm / 0,7
▶ ab dieser Vergrößerung nutzt man das Auflösungsvermögen des Fernrohrs

Beispiel: Ein Teleskop mit 60mm Öffnung hat eine förderliche Vergrößerung von 85×.

maximale Vergrößerung = förderliche Vergrößerung × 2
oberhalb dieser Vergrößerung zeigt das Teleskop keine weiteren Einzelheiten

▶ Beispiel: Ein Teleskop von 60mm Öffnung hat eine maximale Vergrößerung von 170×.

Die förderliche Vergrößerung wird erreicht, wenn das Beugungsscheibchen, zu dem ein Stern im Teleskop abgebildet wird, selbst im Teleskop als Scheibchen sichtbar wird, also ein Stern nicht mehr punktförmig ist. Diese »normale Maximalvergrößerung« ist bei einer Austrittspupille von 0,7mm erreicht. Dann sind auch die schwächsten Sterne im Teleskop am besten sichtbar. Höhere Vergrößerungen führen wieder zu geringeren Grenzgrößen. Bis zum 2-fachen der förderlichen Vergrößerung kann man trotzdem bei exzellenter Optik und hellen, kontrastreichen Objekten im Ex-

Vergrößerungswerte

Öffnung	Minimal-vergrößerung	förderliche Vergrößerung	Maximal-vergrößerung
60mm	8,6×	86×	172×
76mm	11×	108×	216×
90mm	13×	129×	258×
100mm	14×	143×	286×
114mm	16×	163×	(325×)
200mm	29×	286×	(571×)

tremfall gehen. Ob man die sehr hohen Vergrößerungen auch nutzbringend einsetzen kann, hängt sehr von der Optikqualität (Oberflächengenauigkeit, Bildfehler) ab. Refraktoren haben oft die besten Chancen. Für einfache Fernrohre gilt auch die Faustregel: Maximalvergrößerung = 2 × Optikdurchmesser.
Vergrößerungen oberhalb der maximalen Vergrößerung bezeichnet man als leere Vergrößerungen. Sie zeigen nicht mehr Details, sondern machen das Bild nur flau.

Tipps für die Okularwahl

Mit größeren Teleskopen hat man die Möglichkeit, auch höhere Vergrößerungen zu nutzen. Das ist aber nicht unbedingt immer notwendig, denn je nach Anwendung benötigt man verschiedene Vergrößerungen.
In der Praxis wird man die sehr hohen Vergrößerungen von über 200× nur sehr selten nutzen können. Vorraussetzung dazu ist nicht nur eine perfekte Optik, sondern auch eine ruhige Atmosphäre (siehe Abschnitt »Seeing«). Die Okulare sollten möglichst die am häufigsten benötigten Vergrößerungen geben. Anfangs ist ein Satz von drei Okularen ausreichend:

- **Okular für 1–2-fache Minimalvergrößerung:**
  Okularbrennweite = Öffnungszahl × 5
- **Okular für 4–5-fache Minimalvergrößerung:**
  Okularbrennweite = Öffnungszahl × 1,5
- **Okular für förderliche Vergrößerung:**
  Okularbrennweite = Öffnungszahl × 0,7

<u>Beispiel:</u> Ein Fernrohr mit 60mm Öffnung und 600mm Brennweite wäre mit Okularen von 50mm, 15mm und 7mm Brennweite gut bestückt.

Leider kann man mit kleinen Fernrohren mit Öffnungszahlen von 10 und mehr gar nicht die empfohlene kleinste Vergrößerung realisieren, weil es keine Okulare mit Brennweiten von 50mm und mehr gibt. Hier sollte mindestens ein 40mm-Okular besorgt werden.

Anwendung	empfohlene Vergrößerung
Aufsuchen, große Nebel	20–25×
Galaxien, Mond, Sonne	50–80×
Monddetail, Planeten	120–150×
Planetendetail, Doppelsterne	200–300×

Okularsätze für gängige Einsteiger-Fernrohre

Öffnung	Brennweite	Öffnungszahl	1. Okular	2. Okular	3. Okular
60mm	700mm	11,7	55mm (13×)	18mm (39×)	8mm (88×)
76mm	700mm	9,2	45mm (16×)	14mm (50×)	6mm (117×)
90mm	1250mm	13,9	70mm (18×)	20mm (63×)	10mm (125×)
100mm	1000mm	10	50mm (20×)	15mm (67×)	7mm (143×)
114mm	900mm	7,9	40mm (23×)	12mm (75×)	6mm (150×)
200mm	2000mm	10	50mm (40×)	15mm (134×)	7mm (286×)

Seeing

Kleine Optiken haben viel öfter als große Teleskope die Chance, hohe Vergrößerungen zu nutzen, weil die Luftunruhe auf eine größere Öffnung viel mehr Einfluss hat als auf ein kleines Teleskop. Diese Unruhe, die von Optik und Vergrößerung abhängig ist, wird als Seeing (sprich »Siehing«) bezeichnet. Manchmal ist das Seeing gut und alle Einzelheiten auf Mond und Planeten sind gestochen scharf zu sehen, das Bild »steht«. In anderen Nächten ist das Bild kaum scharfzustellen, es wabert und zittert umher.

Das Seeing erkennt man am Flackern der Sterne, der Szintillation. Flackern die Sterne stark, ist das Fernrohrbild unruhig: schlecht für den Teleskopbesitzer. Flach über dem Horizont ist das Seeing generell schlechter als im Zenit. Es hängt stark von der Wetterlage ab, leider sind oft die klarsten Nächte auch diejenigen mit dem schlechtesten Seeing, während Nebel und Dunst vielfach gutes Seeing anzeigen. Es gibt auch einen Tagesgang des Seeings, danach ist die Luft kurz vor Sonnenuntergang am unruhigsten, bessert sich dann zu einem optimalen Punkt am frühen Morgen, um mit Aufsteigen der Sonne gegen Mittag wieder schlechter zu werden.

Vom Seeing ist es weitgehenst abhängig, welche Vergrößerung man benutzen kann. Mit einem 60mm-Fernrohr kann man Nächte erleben, in denen selbst bei 150× alles perfekt scharf gezeichnet erscheint, und solche, bei denen sich nicht einmal 50-fache Vergrößerung nutzen lässt. Um die Qualität des Seeings abzuschätzen, gibt es eine einfache Einordnung. Gut geeignet als Testobjekte sind die Planeten.

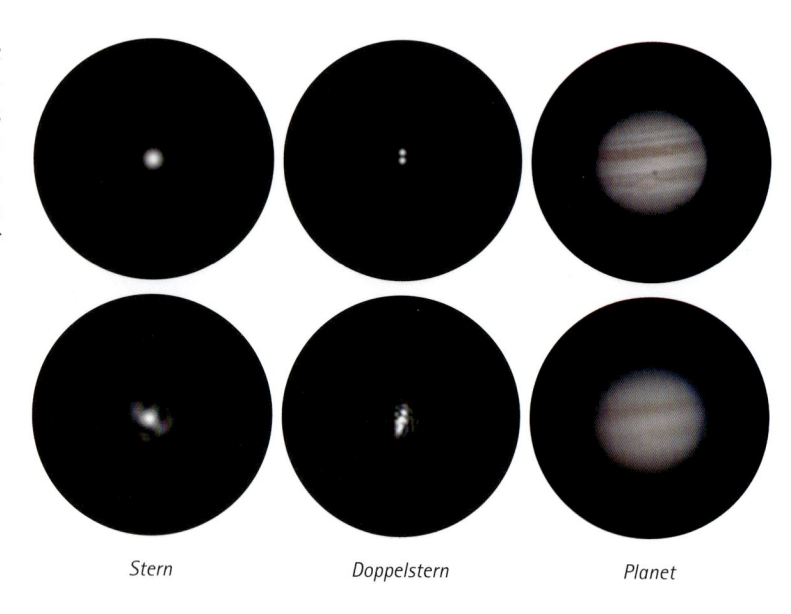

Stern   *Doppelstern*   *Planet*

Abb. 2-6: Das Seeing verzerrt die vom Fernrohr entworfenen Bilder je nach Stärke der Luftunruhe – perfektes Seeing (oben), schlechtes Seeing (unten).

Seeing-Qualität	
1	Seeing perfekt, Bild ruhig, höchste Vergrößerungen möglich
2	Seeing gut, ab und zu zittriges Bild
3	Seeing durchschnittlich, ab und zu ruhige Abschnitte
4	Seeing schlecht, schwer scharfzustellen
5	Seeing sehr schlecht, kaum Detail zu erkennen

Obstruktion

Als Obstruktion wird der negative Effekt bezeichnet, den ein im Strahlengang sitzender Fangspiegel bei Spiegelteleskopen hat. Die Obstruktion ist abhängig von der relativen Größe des Fangspiegels oder seiner Halterung zur Öffnung. Für das Lichtsammelvermögen und die Kontrastdarstellung ist allein die Größe des Fangspiegels ausschlaggebend. Die Anzahl der Haltestreben und die Anordnung des Haltekreuzes (Spinne) bestimmt die Abbildung heller Sterne auf Fotos. Die Berechnung der durch die Obstruktion verminderten Teleskopleistung wird wie folgt durchgeführt:

Lichtsammelnde Öffnung, effektive Öffnung =
$\sqrt{\text{Durchmesser Hauptspiegel}^2 - \text{Durchmesser Fangspiegel}^2}$

Kontrast, effektive Öffnung =
Durchmesser Hauptspiegel − Durchmesser Fangspiegel

Beispiel: Ein Schmidt-Cassegrain-Teleskop mit einer Öffnung von 200mm und einem Fangspiegel von 80mm Durchmesser sammelt so viel Licht wie ein Linsenteleskop mit 183mm Öffnung, hat aber nur die Kontrastleistung (Bildschärfe) eines Refraktors von 120mm Öffnung.

Die Obstruktion wird oft als Prozentwert angegeben, dies kann wahlweise der für das Lichtsammelvermögen oder die Kontrastleistung errechnete Wert sein. Wie man sieht, ist die Obstruktion für die Kontrastleistung wesentlich wirksamer als für das Lichtsammelvermögen. Mit zunehmender Obstruktion wird das Beugungsscheibchen kleiner, bei 50% ist es um 30% vermindert.

Obwohl sich das Auflösungsvermögen dadurch rechnerisch verbessert, wird mehr Licht in die Beugungsringe verteilt. Dadurch leidet vor allem die Bildqualität, auch als Definition bezeichnet.

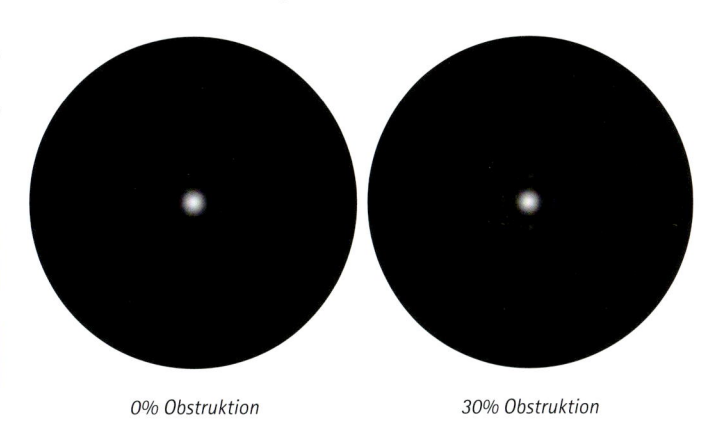

0% Obstruktion 30% Obstruktion

Abb. 2-7: Eine Obstruktion im Strahlengang streut Licht vom zentralen Beugungsscheibchen in die Beugungsringe und verschlechtert so die Kontrastleistung des Teleskops.

Wirkung der Obstruktion			
Beispielwert Obstruktion	0%	25%	50%
Lichtanteil zentrale Beugungsscheibe	84%	73%	48%
Lichtanteil erster Beugungsring	7%	18%	35%
Kontrastverlust	0%	15%	55%

Transmission und Reflektivität

Die Transmission bezeichnet die Durchlässigkeit der Linsen und die Reflektivität der Spiegel im Strahlengang. Im allgemeinen gilt die Regel: je weniger optische Elemente im Strahlengang, desto mehr des gesammelten Lichtes kommt beim Beobachter an. Für einfache Linsen betragen die Verluste etwa 4% pro Glas-Luft-Fläche. Ein Fraunhofer-Objektiv mit vier Glas-Luft-Flächen von 100mm Öffnung sammelt effektiv also nur soviel Licht wie ein perfekter Refraktor von etwa 92mm Öffnung.

Für einen Teleskopspiegel beträgt der Reflektivitätswert etwa 90%, der Verlust pro Spiegel damit 10%. Ein Newton-Teleskop von 100mm Öffnung mit zwei Spiegeln sammelt also nur noch so viel Licht wie ein perfekter 89mm-Spiegel.

Die Transmissionswerte werden heute durch teure Vergütungsschichten auf den Linsen wesentlich verbessert. Es handelt sich dabei um aufgedampfte Anti-Reflexions-Beläge, die die Transmissionsverluste auf bis zu 1% pro Glas-Linsen-Fläche reduzieren. Diese Beläge kann man an ihren blauen, grünen oder roten Farbreflexionen erkennen. Im Beispiel würde das 100mm-Fraunhofer-Objektiv soviel Licht wie ein perfektes 98mm-Objektiv sammeln. Auch auf Teleskopspiegel werden hochreflektierende Beläge und Schutzschichten aufgedampft, sie können die Reflektivität auf bis zu 95-97% steigern. Damit wird aus dem 100mm-Newton immerhin noch ein 97mm-Teleskop nach seiner Lichtsammelleistung.

Übrigens gelten Transmissionsverluste auch für Okular-Linsensysteme. Okulare mit wenigen Linsen lassen das meiste Licht ins Auge des Beobachters. Unvergütete Billigokulare können Transmissionsverluste von 25% verursachen, aber auch teure mehrlinsige Systeme können zu 5-10% Lichtverlust führen. Damit vermindert sich die effektive Teleskopöffnung noch einmal deutlich. Auch Zenitprismen und Zenitspiegel sind in diese Rechnung einzubeziehen.

Gesamt-Lichtsammelleistung käuflicher Teleskopsysteme

Öffnung	Typ	Bauweise	Vergütung	Fangspiegelgröße	abzüglich Obstruktion	effektive Öffnung
60mm	Refraktor	Fraunhofer	keine	–	–	55,3mm
76mm	Reflektor	Newton	keine	25mm	71,8mm	64,6mm
90mm	katadioptrisch	Maksutov	Multi-Coating	40mm	80,6mm	77,4mm
100mm	Refraktor	Fraunhofer	Multi-Coating	–	–	98,0mm
114mm	Reflektor	Newton	keine	35mm	108,5mm	97,6mm
200mm	katadioptrisch	Schmidt-Cassegrain	Multi-Coating	80mm	183,3mm	176,0mm

Bildfehler

Nicht perfekte Abbildungen sind die konstruktionsbedingten Nebeneffekte von Teleskopsystemen. Im Allgemeinen gilt, dass die Bildfehler mit der Öffnungszahl abnehmen, weil sie bei langen Brennweiten weniger ins Gewicht fallen. Dagegen sind besonders Systeme mit großen Öffnungsverhältnissen von f/4 – f/7 betroffen.

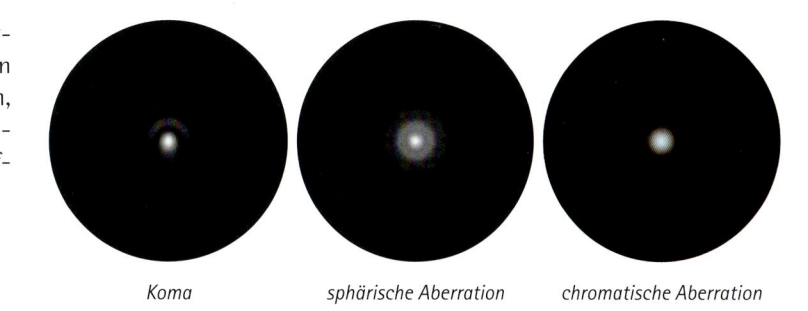

Abb. 2-8: Beugungsscheibchen mit Bildfehlern.

Koma   *sphärische Aberration*   *chromatische Aberration*

Fehler	Ursache	Ergebnis	Abhilfe
Chromatische Aberration	nicht alle Farben können gleichzeitig fokussiert werden. Tritt nicht bei Reflektoren auf	violette Säume um helle Sterne und Planeten (»sekundäres Spektrum«)	achromatische oder apochromatische Objektive, Minus-Violett-Filter
Sphärische Aberration	Lichtstrahlen vom Rand und der Mitte der Optik können nicht gleichzeitig fokussiert werden	unscharfe Bilder	parabolisch oder hyperbolisch geschliffene Optik
Koma	schräg einfallende Lichtstrahlen vom Rand und der Mitte der Optik können nicht fokussiert werden	Sterne werden am Bildrand zu kleinen Kometen ausgezogen	Komakorrektor
Astigmatismus	schräg einfallende Lichtstrahlen vom Rand der Optik können nicht in sich fokussiert werden	Sterne werden am Bildrand zu kleinen Kometen ausgezogen	Abblenden der Öffnung
Bildfeldwölbung	die Brennpunkte des gesamten Gesichtsfeldes liegen nicht in einer Ebene	Sterne sind nur in der Bildmitte scharf	nur zentrales Gesichtsfeld nutzen, Bildfeldkorrektur
Verzeichnung	die Abbildung von randnahen Teilen des Gesichtsfeldes ist verschoben	flächige Objekte erscheinen kissenförmig oder tonnenförmig verzerrt	–

Oberflächenqualität

Eine Fernrohrlinse oder ein Teleskopspiegel müssen hochgenaue Oberflächen haben, die submillimetergenau geschliffen sind. Von Herstellern oder in Testberichten werden verschiedene Genauigkeitswerte angegeben, die die Qualität einer optischen Oberfläche beschreiben sollen.

Die Genauigkeit wird in Bruchteilen der Lichtwellenlänge (λ) angegeben, entweder für 550nm (menschliches Auge) oder 632nm (Messlaser). Diese Werte für Abweichungen entsprechen bei λ/4 etwa 0,00014 oder 0,00016mm! Schmutz auf der Optik verschlechtert die Oberflächengenauigkeit nicht, sie nimmt lediglich in sehr geringem Maße Licht. Als Fernrohrbesitzer kann man diese Genauigkeitswerte nicht selbst überprüfen, denn dazu ist eine interferometrische Untersuchung in einem Labor notwendig. Die grobe, aber völlig ausreichende Qualitätskontrolle bildet der Sterntest (siehe weiter unten).

perfektes Seeing   *schlechtes Seeing*

Abb. 2-9: Exakt geschliffene Teleskopspiegel bzw. Fernrohrlinsen bilden einen Stern als Scheibchen ab. Bei schlechtem Seeing wird das Bild verzerrt.

Berechnung der Wirkung der Oberflächenqualität:

effektiver Kontrastdurchmesser = Durchmesser $^{(-33\,RMS^2)}$

Beispiel: Ein Newtonspiegel mit einer Öffnung von 200mm und einer Oberflächenqualität von RMS lambda/20 hat die Kontrastleistung eines perfekten Instruments von 114mm.

Angabe	Beschreibung	Bemerkung	Mindestwert
Wellenfrontfehler PV (peak-to-valley)	maximale Abweichung von der Idealform	Betrachtung eines Einzelpunktes, keine Aussage über Qualität der restlichen Oberfläche	λ/4
Oberflächenfehler RMS (root mean square)	mittlere Abweichung von der Idealform	einzelne schlechte Bereiche werden herausgemittelt	λ/25
Definitionshelligkeit (Strehl-Wert)	Anteil des Lichtes, das im zentralen Beugungsscheibchen abgebildet wird	wird direkt aus dem RMS-Wert berechnet	0,80

Test der Optik

Wenn man wissen möchte, wie gut die eigene Fernrohroptik ist, kann man auch als Laie den sogenannten Sterntest durchführen. Dieser ist nicht so schwer und geheimnisvoll, wie man glauben könnte. Wichtig ist es jedoch, einen Abend mit gutem Seeing abzuwarten.

1. Man stellt einen hellen Stern (nicht den hellsten Stern, auf keinen Fall einen Planet!) in halbhoher Position über dem Horizont im Teleskop ein.
2. Bei höherer Vergrößerung (1,5× Öffnung) wird der Stern zunächst deutlich unscharf gestellt, bis ein kleines Scheibchen sichtbar ist. Dabei soll der Fokussierknopf nach außen (extrafokal) gedreht werden. Das Scheibchen sollte gleichmäßig hell sein, aus lauter feinen konzentrischen Ringen bestehen mit einem helleren Rand. Bei einem Spiegelteleskop sieht man das dunkle Abbild des Fangspiegels in der Mitte.
3. Jetzt wird langsam nach innen gedreht, sodass das Scheibchen wieder kleiner wird. Sobald das Scheibchen nur noch aus ganz wenigen (drei oder vier) Ringen besteht, wird es spannend.
4. Jetzt wird über den schärfsten Punkt hinaus nach innen (intrafokal) unscharf gestellt, bis wieder ein winziges Scheibchen mit wenigen Ringen sichtbar ist. Dieses Scheibchen auf der Innenseite des Brennpunktes sollte mit dem vorher betrachteten auf der Außenseite identisch sein. Man sollte mehrmals hin- und herdrehen, um zu vergleichen.
5. Jetzt wird genau fokussiert. Es sollte einen klaren, eindeutigen Fokus geben. In diesem erscheint der Stern exakt als winzige weiße, runde Fläche, von ein bis drei sehr schwachen Ringen umgeben (viel schwächer als beim unfokussierten Bild), den sogenannten Beugungsringen.

Wenn der scharfgestellte Stern unregelmäßig erscheint oder sich gar nicht scharfstellen lässt, muss das nicht unbedingt auf eine schlechte Optik hinweisen. Eine gute Optik kann auch nur falsch justiert sein. Wenn beim Linsenteleskop beim unscharfen Stern Farbe zu sehen ist, ist das kein Fehler. Nur beim fokussierten Bild sollten möglichst wenig farbige Säume auftreten.

Ebenso sollte man bei einem nur wenig vom Fokus entfernten Beugungsbild nicht zu kritisch sein. Bei nur einem oder zwei theoretisch sichtbaren Beugungsringen zeigt kaum ein Fernrohr ein schulbuchmäßiges Bild.

Refraktor   *Reflektor*

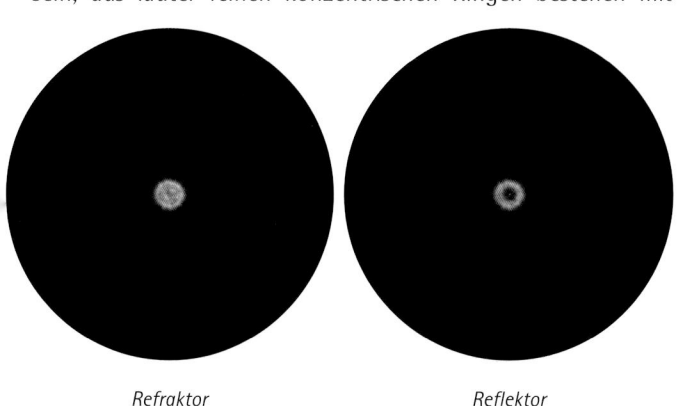

Abb. 2-10: Ein unscharf gestellter (defokussierter) Stern wird als kleines Scheibchen abgebildet.

Optikfehler im Sterntest

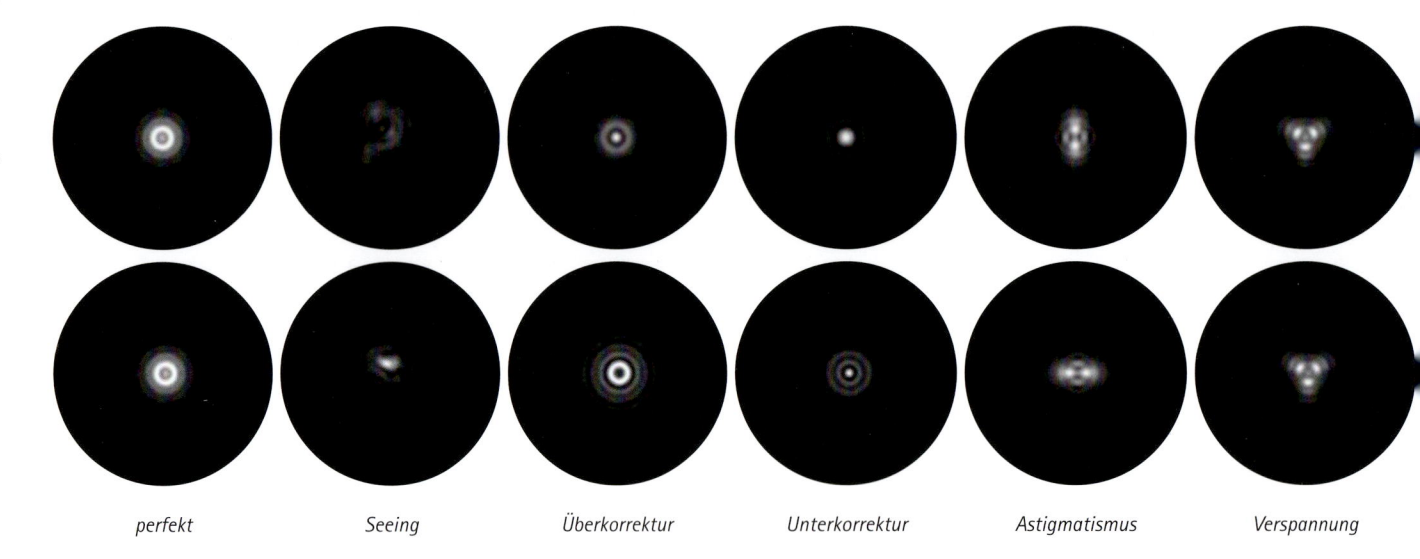

perfekt	Seeing	Überkorrektur	Unterkorrektur	Astigmatismus	Verspannung

Abb. 2-11: Fehler einer Teleskopoptik lassen sich im Sterntest bei gutem Seeing erkennen – intrafokal (oben), extrafokal (unten).

sphärische Überkorrektur	Beugungsbild innerhalb des Fokus scharf, außerhalb des Fokus unregelmäßiger Lichthaufen ohne Beugungsringe
sphärische Unterkorrektur	Beugungsbild außerhalb des Fokus scharf, innerhalb des Fokus unregelmäßiger Lichthaufen ohne Beugungsringe
Astigmatismus	Beugungsbild innerhalb und außerhalb des Fokus länglich, Orientierung des Ovals springt im Fokus um 180°
Verspannung in der Halterung/Fassung	Beugungsbild innerhalb und außerhalb des Fokus ist an einer Stelle am Rand gestört
chromatische Überkorrektur	Beugungsbild innerhalb des Fokus blauviolett, außerhalb des Fokus orangegelb
chromatische Unterkorrektur	Beugungsbild innerhalb des Fokus rotgelb, außerhalb des Fokus blaugrün

Kollimation und Justage

Ein Fernrohr ist ein Präzisionsinstrument. Ist die Optik nicht exakt aufeinander ausgerichtet, kann das verheerende Folgen für das Bild im Okular haben. Kollimation heißt, dass die einzelnen optischen Elemente eines Fernrohrs genau aufeinander ausgerichtet sein müssen. Justage ist erforderlich, wenn ein einzelnes Element unabhängig von den anderen eingestellt werden muss. Refraktoren und die Linsen in katadioptrischen Systemen sind werksseitig bereits genau justiert, eine eigene Justage ist auch nur schwer möglich. Man sollte sich unter allen Umständen davor hüten eine Optik aufzubrechen und selbst Hand anzulegen. Ohne tiefe optische Kenntnisse wird man die Einzelteile niemals wieder so zusammensetzen können wie zuvor.

▌ Justage eines Newton-Teleskops

Bei einem Newton-System ist die eigenhändige Justage meist leicht möglich. Um die einzelnen optischen Komponenten zu justieren, sind diese mit speziellen Schrauben ausgestattet. Zunächst sind dies je drei Federdruckschrauben an der Fassung des Hauptspiegels (hinten am Tubus) und der Fassung des Fangspiegels (vorne am Tubus). Bei manchen Teleskopen sind auch unterschiedliche Schrauben für Zug und Druck zuständig, so dass man je 6 Schrauben bedienen muss.

Zusätzlich zu den Spiegelfassungen ist auch die Spinne, also die Fangspiegelaufhängung, einstellbar: Zum einen der an ihr befe-

Abb. 2-12: Rückseite (links) und Vorderseite (rechts) eines Newton-Spiegelteleskops mit Justierschrauben.

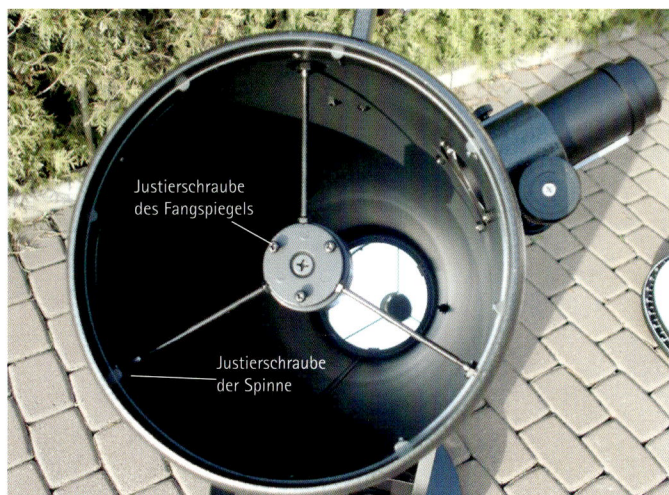

stigte Zapfen, der die Fangspiegelfassung aufnimmt, zum anderen die am Tubus angebrachten Enden der Spinnenarme. In beiden Fällen benötigt man üblicherweise einen Schraubendreher – Vorsicht ist geboten, damit dieser nicht in den Tubus und auf den Hauptspiegel fällt.

Die Justage kann ohne Hilfsmittel durchgeführt werden. Jedoch gibt es Justierokulare und Justierlaser, mit denen die einzelnen Arbeitsschritte schneller zu bewältigen sind.

Nützlich ist eine exakt angebrachte Mittenmarkierung auf dem Zentrum des Hauptspiegels. Eine Mittenmarkierung des Fangspiegels ist nicht notwendig. Die Kollimation geschieht durch visuelle Überprüfung am Okularauszug (ohne eingestecktes Okular).

Abb. 2-13: Hilfsmittel für die Justage eines Newton-Teleskops sind das Cheshire-Okular (links) und der Justierlaser (rechts).

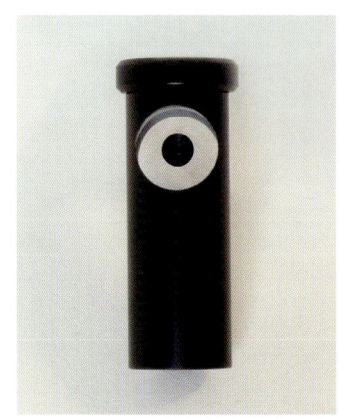

1. **Fangspiegel auf Okularauszug ausrichten**
   Der Umriss des Fangspiegels muss rund erscheinen und im Zentrum des Gesichtsfeldes stehen.
   → das Fangspiegelbild ist nicht rund: Justierschrauben der Fangspiegelspinne verstellen (Tubus-Außenwand)
   → das Fangspiegelbild ist nicht zentriert: Fangspiegel auf dem Haltezapfen in den Tubus hinein oder aus ihm heraus verstellen

2. **Fangspiegel auf den Hauptspiegel ausrichten**
   Das Bild des Hauptspiegels muss mittig im Bild des Fangspiegels und im Gesichtsfeld stehen.
   → Justierschrauben des Fangspiegels verstellen

3. **Hauptspiegel auf Okularauszug einstellen**
   Der Hauptspiegelfokus muss den Okularauszug treffen.
   → Justierschrauben des Hauptspiegels verstellen

4. **Feinjustage mit dem Cheshire-Okular**
   Das Muster des Chesire- oder eines anderen Justierokulars (meistens ein offener Kreis oder ein Quadrat) muss mit der Mittenmarkierung des Hauptspiegels zur Deckung gebracht werden.
   → Justierschrauben des Hauptspiegels verstellen

Normalerweise muss man die komplette Justage nicht durchführen, es genügt die Prüfung mit einem Justierokular.

- **Prüfung mit einem Justierlaser**
  Mit einem speziellen roten Laser, der sich in den Okularauszug stecken lässt, kann die Kollimation des Teleskops getestet werden. Bei einem korrekt justierten Teleskop trifft der Laserstrahl genau die Mitte des Hauptspiegels, wird in sich zurück reflektiert und trifft an seinen Ausgangspunkt zurück. Dazu ist bei den meisten Justierlasern seitlich ein Fenster angebracht, so dass man die Umgebung der Austrtrittsöffnung des Lasers sehen kann. Dabei sollte unbedingt ein direkter Augenkontakt mit dem Laserstrahl vermieden werden!

Abb. 2-14: Zur Justage eines Newton-Teleskops blickt man in den Okularauszug. Die sichtbaren Begrenzungen von Okularauszug und Fangspiegel (1), Fangspiegel und Hauptspiegel (2) und Hauptspiegel und Okularauszug (3) müssen zentrisch aufeinander ausgerichtet sein. Beim letzten Schritt kann ein Cheshire-Justierokular helfen (4).

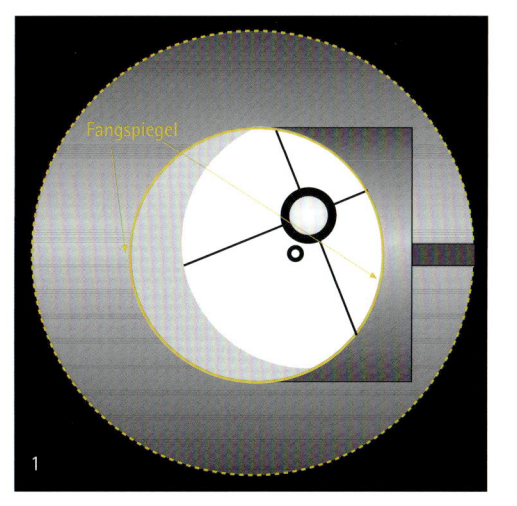

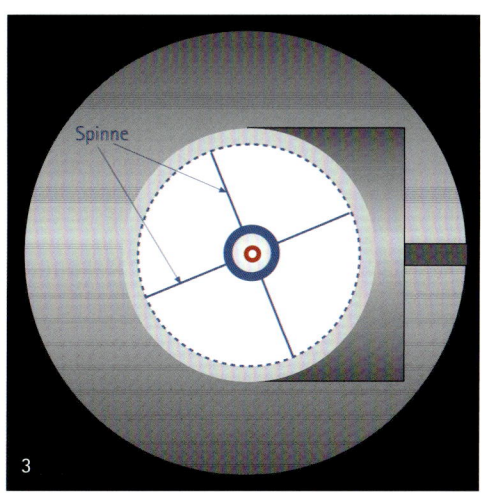

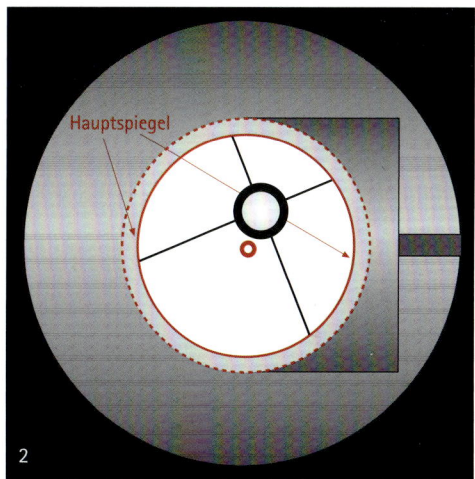

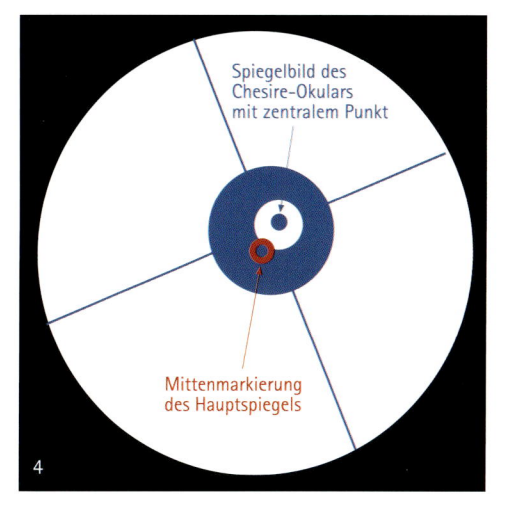

Pflege und Reinigung

Als Präzisionsinstrument sollte ein Fernrohr auch pfleglich behandelt werden. Dazu gehört:
- niemals mit Fingern auf optische Flächen (Objektiv, Spiegel, Okularlinsen) fassen
- niemals mit einem trockenen Tuch optische Flächen reiben oder wischen
- das Fernrohr nach der Beobachtung nicht abdecken, solange Optikflächen beschlagen sind
- das Fernrohr und die Okulare vor Feuchtigkeit und Schmutz geschützt aufbewahren
- zur Aufbewahrung immer den Objektivdeckel und den Staubschutzdeckel am Okularauszug aufsetzen

Die Montierung leistet gute Dienste, wenn man sie schonend behandelt:
- die Montierung immer ausbalanciert aufstellen
- Schrauben nicht zu fest anziehen, Klemmschrauben bei der Lagerung lösen

Eine Teleskopoptik muss nur äußerst selten gereinigt werden, einzelne Staubteilchen haben keinen Einfluss auf das Leistungsvermögen. Erst wenn sich ein Schmutzbelag auf Linse oder Spiegel gebildet hat, sollte man zur Tat schreiten. Das ist auch bei häufigem Beobachten nur alle zwei bis drei Jahre der Fall. Es gilt deshalb:

Putzen Sie so selten wie möglich, aber so oft wie nötig!

Bei der Reinigung geht man je nach Optik unterschiedlich vor:

- **Linsenobjektive**
1. Beim Refraktor kann das Objektiv oft nicht aus dem Tubus ausgebaut werden, dies sollte nur ein Fachmann vornehmen. Vom Benutzer lässt sich deshalb nur die Außenlinse reinigen. Die Taukappe kann meistens jedoch abmontiert werden, so dass die Linsenoberfläche besser zugänglich ist.
2. Grobe Staubpartikel und Fusseln werden zunächst mit einem Blasebalg oder Druckluft entfernt.
3. Mit einer Spritzflasche kann spezielle Reinigungsflüssigkeit oder Alkohol (Isopropanol) dünn auf die Linse gesprüht werden. Dabei darf keine Flüssigkeit abfließen, da sonst die Gefahr besteht dass diese seitlich in das Linseninnere gelangt.
4. Ein fusselfreies Stofftuch, ein Mikrofasertuch oder Wattebäuschchen werden in derselben Flüssigkeit gut getränkt, ohne dass es tropft.
5. Zunächst wird die Optik sorgfältig ohne Druck nassgetupft und vorsichtig sauber gewischt. Jede Stelle des Tuches bzw. jeder Wattebausch sollte nur einmal verwendet werden.
6. Dann wird die Optik mit einem in destilliertem Wasser getränkten zweitem Tuch nachgesäubert. Leitungswasser sollte man vor allem bei höheren Härtegraden nicht verwenden, weil sich sonst Kalkflecken bilden können. Bei der Verwendung von speziellen Reinigungsflüssigkeiten ist dieser Schritt oftmals nicht nötig.
7. Zuletzt lässt man die Optik abtrocknen. Feine farbige Schlieren, die eventuell zurückbleiben, stören nicht.

- **Teleskopspiegel**
1. Bei Spiegelteleskopen sollte der Spiegel ausgebaut werden, wenn dies möglich ist. Nicht möglich ist dies oftmals bei preiswerten kleinen Teleskopen, Cassegrain-Optiken und katadioptrischen Teleskopen: Hier muss man mit dem Schmutz leben!
2. Der Spiegel wird zunächst mit lauwarmem Wasser abgebraust. Die Lagerung sollte dabei so erfolgen, dass der Spiegel sicher liegt und das Wasser komplett ablaufen kann.
3. Der Spiegel wird nun mit einer Reinigungslösung gebadet, die mit nicht rückfettendem Spülmittel oder Glasreiniger versehen sein kann.
4. Ein fusselfreies Stofftuch, ein Mikrofasertuch oder Wattebäuschen werden in derselben Flüssigkeit gut getränkt, ohne dass es tropft.
5. Die noch nasse Optik wird mit sanftem Druck vorsichtig sauber gewischt. Jede Stelle des Tuches bzw. jeder Wattebausch sollte nur einmal verwendet werden.
6. Dann wird die Optik mit destilliertem Wasser abgespült. Leitungswasser sollte man vor allem bei höheren Härtegraden nicht verwenden, weil sich sonst Kalkflecken bilden können. Bei der Verwendung von speziellen Reinigungsflüssigkeiten ist dieser Schritt oftmals nicht nötig.
7. Zuletzt lässt man die Optik abtrocknen, wobei ein Haartrockner bei geringer Heizleistung hilfreich sein kann. Feine farbige Schlieren, die eventuell zurückbleiben, stören nicht.

- **Okulare**
1. Okulare werden am häufigsten schmutzig und müssen daher auch häufig gereinigt werden. Dies sollte man beidseitig mit Augen- und Feldlinse tun.
2. Grobe Staubpartikel und Fusseln werden zunächst mit einem Blasebalg oder Druckluft entfernt.
3. Ein fusselfreies Stofftuch, ein Mikrofasertuch oder Wattestäbchen werden in spezieller Reinigungsflüssigkeit oder Alkohol (Isopropanol) getränkt. Die Flüssigkeit wird dann dünn auf die Linse aufgetupft. Dabei darf nicht zu viel Flüssigkeit aufgetragen werden, da sonst die Gefahr besteht dass diese seitlich in das Lineninnere gelangt. Jede Stelle des Tuches bzw. jeder Wattebausch sollte nur einmal verwendet werden.
4. Dann wird die Optik mit einem in destilliertem Wasser getränkten zweitem Tuch nachgesäubert. Leitungswasser sollte man vor allem bei höheren Härtegraden nicht verwenden, weil sich sonst Kalkflecken bilden können. Bei der Verwendung von speziellen Reinigungsflüssigkeiten ist dieser Schritt oftmals nicht nötig.
6. Zuletzt lässt man das Okular abtrocknen. Feine farbige Schlieren, die eventuell zurückbleiben, stören nicht.

Den Teleskoptubus kann man mit einem wenig feuchten Tuch abwischen, ebenso die äußeren Teile der Montierung.

Haben Optik oder Montierung einen offensichtlichen Defekt, sollte man sie an den Hersteller zur Reparatur einsenden. Oftmals wird jedoch nur noch ein Umtausch sinnvoll sein.

Dritter Schritt: Das Fernrohr benutzen

Beobachtungsvorbereitung

So viel Spaß die Himmelsbeobachtung machen kann, sie hat ein generelles Problem: eine Beobachtungsnacht ist nicht im Voraus planbar, zumindest nicht in unseren Breiten. Spontaneität ist deshalb gefragt, weil man erst unmittelbar vor Beginn der Beobachtungsnacht weiß, ob es eine klare Nacht und damit eine Beobachtungsgelegenheit geben wird. Diese Tatsache schränkt die Stunden unter dem Sternhimmel für viele sehr ein, und da dies so ist, empfiehlt es sich, gut vorbereitet zu sein, wenn es doch einmal klappt. Dazu sollen die nächsten Abschnitte eine Hilfestellung geben.

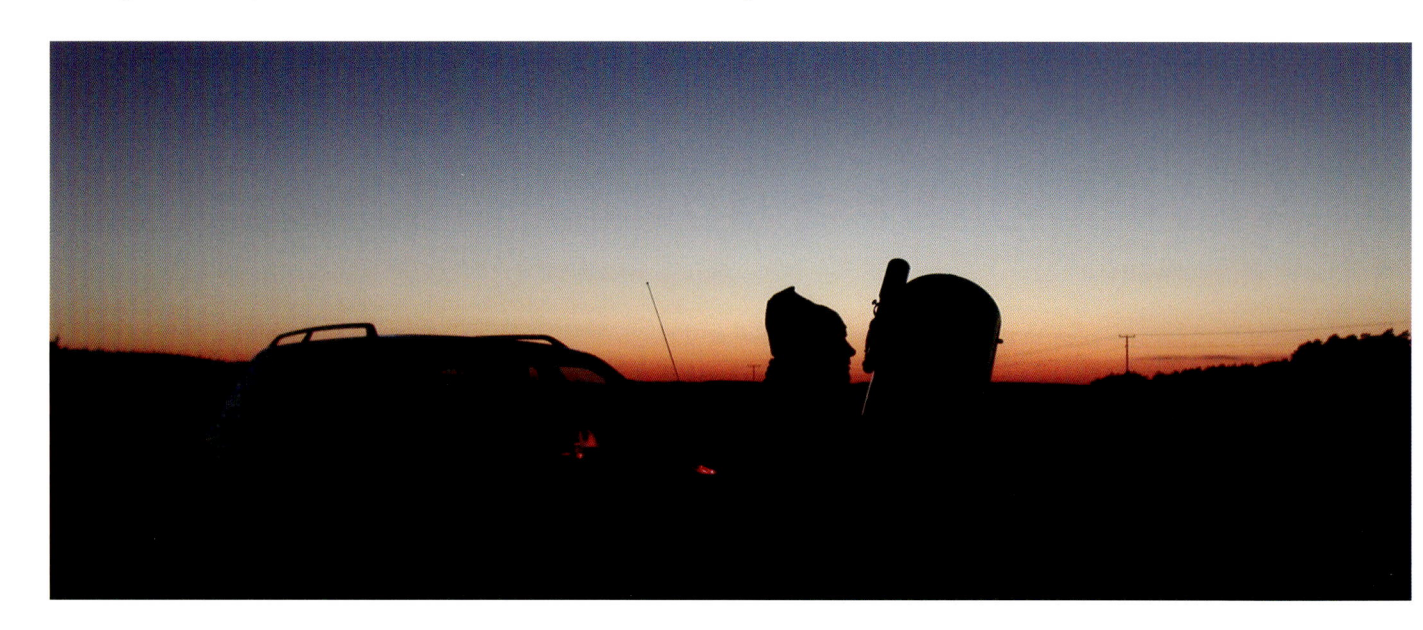

- **Wettersituation abschätzen:** Machen Sie sich mit typischen Wetterlagen am Beobachtungsort vertraut. Etwas Übung darin wird durch Satellitenbilder unterstützt, die es im Internet an vielen Stellen aktuell abrufbar gibt.
- **Beobachtungsperioden kennen:** Es gibt gewisse Zeiten, zu denen bestimmte Objekte besonders gut gesehen werden können, zu anderen sind sie manchmal ganz unbeobachtbar. Um über den Lauf der Planeten und des Mondes informiert zu sein, empfiehlt sich unbedingt ein Astronomisches Jahrbuch (das »Himmelsjahr«, »Ahnerts Kalender für Sternfreunde« oder der »Sternhimmel«).
- **Störendes Mondlicht vermeiden:** Deep-Sky-Objekte sind optimal sichtbar, wenn der Mond nicht am Himmel steht. Für die Planetenbeobachtung ist dies ohne Belang
- **Objektliste erstellen:** Günstig ist es, wenn die Objekte nach Jahreszeiten und Sternbildern geordnet sind, damit man nahe beisammen befindliche Objekte auch zusammen beobachten kann. Dieses Beobachtungsprogramm nimmt man immer zum Beobachten mit und hakt die bereits gesehenen Ziele einfach ab.
- **Beobachtungen dokumentieren:** Auch wenn es mühselig ist, hat es sich bewährt die beobachteten Objekte zu beschreiben oder zu zeichnen; man ist nämlich gezwungen genauer hinzusehen und bemerkt dadurch auch mehr Einzelheiten. Die Dokumentation sollte aber nicht zum Zwang werden, denn nur was Spaß macht zählt.
- **Beobachtungsbuch führen:** Ein Beobachtungsbuch, in das Beschreibungen und Zeichnungen eingetragen werden, bewahrt auch schöne Astroerlebnisse für lange Zeit.
- **Packliste zum abhaken erstellen:** So eine Liste kann etwa so aussehen:

  - ☐ Teleskop
  - ☐ Okularkoffer
  - ☐ Sucherteleskop oder/und Peiler
  - ☐ Montierung
  - ☐ Kabel
  - ☐ Rohrschellen
  - ☐ Feinbewegungswellen
  - ☐ Gegengewichte + Stange
  - ☐ Nachführmotor mit Steuerung
  - ☐ Autobatterie
  - ☐ Stativ
  - ☐ Beobachtungsstuhl
  - ☐ Atlas oder Aufsuchkarten
  - ☐ Beobachtungsbrett mit Papier und Bleistift
  - ☐ Taschenlampe
  - ☐ Mütze, Schal + Handschuhe
  - ☐ Thermoskanne mit heißem Getränk
  - ☐ Kleinigkeit zu Essen

Abb. 3-1: Beobachtungsstimmung nach Sonnenuntergang.

Beobachtungsplatz

Als frischgebackener Teleskopbesitzer ist man geneigt, das Fernrohr voller Vorfreude auf dem Balkon oder der Terrasse der eigenen Wohnung aufzubauen. Erst nachts merkt man, wie schlecht die Beobachtungsbedingungen in der Stadt sind: Straßenlampen blenden, Autoscheinwerfer irritieren, am aufgehellten Himmel sind nur die hellsten Sterne zu sehen und Häuser versperren die Sicht.

Die meisten astronomischen Beobachtungen erfordern einen dunklen Himmel, wie er nur weit außerhalb menschlicher Siedlungen angetroffen werden kann. Bedeutungslos ist das bei der Sonnenbeobachtung, nicht so wichtig auch bei Mond und den Planeten. Allerdings hat auch da ein Platz mit weitem Blick, dunkler Umgebung und ohne Streulicht den Vorteil, gleichzeitig den gesamten Himmel ungestört erleben zu können. Für die Deep-Sky-Beobachtung ist dunkler Himmel unerlässlich. »Ein guter Beobachtungsplatz ist durch nichts zu ersetzen« lautet eine alte Weisheit. Dennoch sollte betont werden, dass die Beobachtung astronomischer Objekte auch von der Stadt möglich ist und Spaß macht – es müssen nur die Objekte entsprechend ausgewählt werden. Planeten-, Mond- und Sonnenbeobachter können ohne Abstriche von der Stadt aus ihrem Hobby nachgehen, auch Doppelsterne und die hellsten Deep-Sky-Objekte sind hier sichtbar. Die Qualität des Sternhimmels kann man selbst abschätzen mit Hilfe von:

- **Grenzgrößenbestimmung am Himmelspol** (Karte Seite 48): Helligkeit des schwächsten, noch gerade mit bloßem Auge sichtbaren Sterns. Für Deep-Sky-Beobachtungen sollte dieser Wert mindestens $5\overset{m}{.}5$ mit dem bloßen Auge betragen. Je nach Erfahrung und Sehfähigkeit des Beobachters sind die resultierenden Werte jedoch sehr unterschiedlich.
- **Sichtbarkeit der Milchstraße:** Schätzungen der Milchstraßen-Sichtbarkeit mit bloßem Auge anhand der Bortle-Skala.
- **Messung der Helligkeit des Himmels:** Flächenhelligkeit des Himmelshintergrunds in Magnituden pro Quadratbogensekunde, bestimmt mit eigens dafür entwickelten Messgeräten wie dem Sky Quality Meter. Je höher dieser Wert ist, desto dunkler ist der Himmel. An den dunkelsten Standorten weltweit werden 22^m erreicht, für lichtverschmutzte Gegenden sind Werte um 19^m typisch.

Abb. 3-2: Städtische Lichtverschmutzung.

Richtig messen mit dem Sky Quality Meter
- Gerät auskühlen lassen
- Mittelwert aus drei Einzelmessungen bilden
- Gerät am gerade ausgestreckten Arm in den Zenit richten
- es darf keine Streulichtquelle sichtbar sein (Mond, Straßenlaternen etc.)
- es darf keine Abschattung sichtbar sein (Haus, Baum, etc.)
- nicht bei Nebel oder durchziehenden Wolken messen

Unter richtig stockdunklem Himmel ist allein der Himmelsanblick mit bloßem Auge ein Erlebnis, und man kann Wolken beobachten, die sich wie schwarze Flecken vor der Milchstraße bewegen – solche Eindrücke sind in Deutschland heute leider unmöglich geworden. Wenn wir also nicht das Glück haben, in einer kleinen ländlichen Gemeinde einen abgelegenen Garten zu besitzen, oder uns nur auf Sonne, Mond und Planeten beschränken wollen, müssen wir einen extra Beobachtungsplatz suchen. Folgende Kriterien sollten erfüllt sein:

- **Streulichtfreiheit:** Keine Straßen- oder Autolampen sollten direkt sichtbar sein.
- **geringe Lichtverschmutzung:** Der Himmel sollte nicht durch die Lichtglocken größerer Ortschaften aufgehellt sein oder durch Lichtreklamen von Discos »geschmückt« werden.
- **freier Südhorizont:** Richtung Süden, dort wo die Sterne ihre höchste Stellung über dem Horizont erreichen, sollte kein Blickhindernis stören; besonders in dieser Richtung sollte keine Lichtverschmutzung auftreten.

Himmelsqualität

Bortle-Stufe	Grenzgröße	Milchstraße	Himmelshelligkeit	Sichtbare Sterne
1	ca. $7^m\!\!.5$	wirft sichtbare Schatten	$22^m\!\!.0/\Box"$	ca. 15000
2	ca. $7^m\!\!.0$	sehr komplex, Wolken wirken wie schwarze Flecken	$21^m\!\!.5/\Box"$	ca. 9000
3	ca. $6^m\!\!.5$	stark strukturiert, leichte Lichtverschmutzung am Horizont	$21^m\!\!.0/\Box"$	ca. 6000
4	ca. $6^m\!\!.0$	strukturiert, Lichtverschmutzung in Horizontnähe, M 13 sichtbar	$20^m\!\!.5/\Box"$	ca. 4000
5	ca. $5^m\!\!.5$	im Zenit sichtbar, M 31 sichtbar	$20^m\!\!.0/\Box"$	ca. 2000
6	ca. $4^m\!\!.5$	unsichtbar, Himmel leicht erleuchtet, im Zenitbereich deutlich dunkler, M 44 sichtbar	$19^m\!\!.5/\Box"$	ca. 800
7	ca. $4^m\!\!.0$	unsichtbar, Himmel erleuchtet, kleinere Sternbilder bleiben unsichtbar	$19^m\!\!.0/\Box"$	ca. 350
8	ca. $3^m\!\!.5$	unsichtbar, Himmel stark erleuchtet, M 45 sichtbar	$18^m\!\!.5/\Box"$	ca. 200
9	ca. $2^m\!\!.0$	unsichtbar, Himmel hell erleuchtet, nur die hellsten Sterne sichtbar	$18^m\!\!.0/\Box"$	ca. 35

- **einfache Anfahrt:** Die Zufahrt sollte auf Asphalt oder gut unterhaltenen Feldwegen erfolgen, die auch nach Regen oder im Winter befahrbar sind.

In Deutschland sind diese Kriterien heute nur noch in mehr als 40–50km Entfernung der Großstädte erfüllt. Eine halbe bis eine ganze Stunde einfache Fahrt mit dem Auto gehören für die meisten vor den Beginn einer Beobachtungsnacht. Auch wenn dies anfangs unnötig erscheint, wer dann nach langer Fahrt aus dem Auto steigt und den grandiosen Sternhimmel über sich hat, vergisst alle Mühen.

Am besten wird der Platz auf einer topographischen Karte 1: 25 000 ausgesucht und dann tagsüber besucht. Aber erst die Nacht entscheidet über die tatsächliche Eignung. Solche Plätze sind nicht dicht gesät. Vielleicht trifft man dort nachts auf einen anderen Sternfreund. Ein astronomischer Verein oder eine Volkssternwarte in der Nähe können oft auch Tipps zur Platzwahl geben. Zusammen beobachten macht mehr Spaß, wenn man Gleichgesinnte finden kann, die mit »rausfahren«, wird man sich viel öfter zu Beobachtungsnächten aufraffen können.

Nur wenige haben das Glück und über dem eigenen Garten auch einen dunklen Himmel. Dann sollte man sich eine feste Aufstellung des Teleskops überlegen. Es muss nicht gleich eine eigene Sternwarte sein, auch eine einfache Säule, die das Stativ ersetzt, ist eine deutliche Verbesserung. Für die Beobachtung muss man nur noch Montierung und Teleskop aufsetzen. Wenn man die Montierung ebenfalls fest auf der Säule installiert, fällt die allabendliche Einrichtung weg, die Vorbereitungszeit verkürzt sich erheblich. Ein Wetterschutz für die Montierung ist aber notwendig.

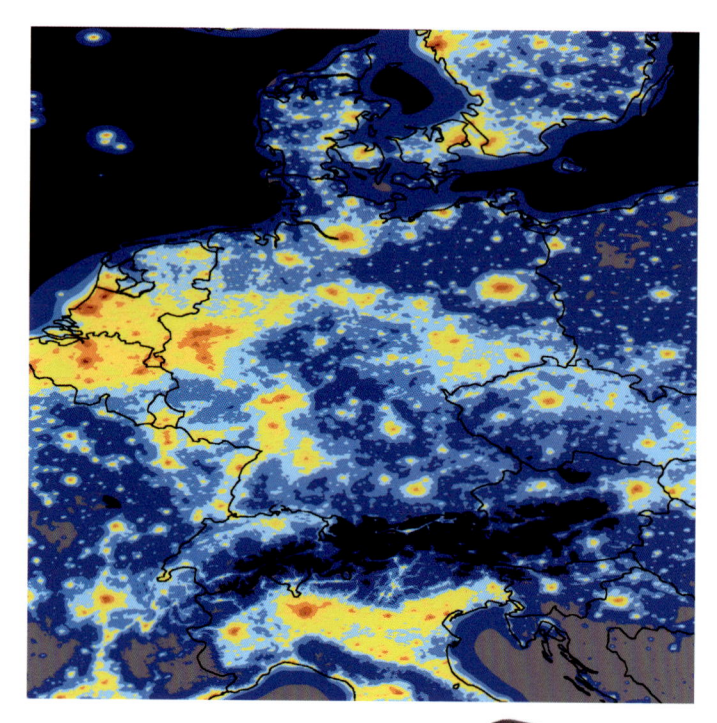

Abb. 3-3: Karte der Himmelshelligkeit in Magnituden pro Quadratbogensekunde. Mit einem Gerät wie dem Sky Quality Meter kann man diesen Wert selbst messen.

Aufbauen und Ausrichten

Gleich ob man zum Beobachten aufs Land oder ins Gebirge fährt oder den heimischen Garten oder Balkon als Beobachtungsplatz nutzt: Vor dem Beobachten muss das Fernrohr zunächst aufgebaut und eine parallaktische Montierung auch ausgerichtet werden. Dies sollte möglichst früh geschehen, da das Teleskop »auskühlen« muss: Die Temperatur im Fernrohrtubus muss sich an die Außentemperatur der Luft anpassen. Besonders im Winter kann diese Zeitspanne über eine Stunde betragen. Ohne Temperaturausgleich liefert das Fernrohr nur unscharfe Bilder und höhere Vergrößerungen können nicht verwendet werden.

Wenn man mit seiner Ausrüstung noch nicht vertraut ist, kann man anfangs noch in der Dämmerung aufbauen. Zuerst wird ein Fleck mit geeignetem Untergrund gesucht, dieser sollte möglichst eben und leicht zugänglich sein.

1. Zunächst wird das Stativ aufgestellt und die Auflageplatte verschraubt. Das Stativ sollte für maximale Stabilität so weit wie möglich gespreizt werden. Je nach Sitzbequemlichkeit werden die Stativbeine (wenn möglich) ausgezogen.
2. Die Montierung wird auf die Stativplatte aufgesetzt und verschraubt.
3. Jetzt nimmt man Stativ und Montierung in die Hand und stellt sie so auf, dass die Polachse nach Norden zum Polarstern weist. Ist dieser nicht sichtbar, kann ein Kompass verwendet werden.

Abb. 3-4: Aufbau eines Teleskops mit parallaktischer Montierung Schritt für Schritt.

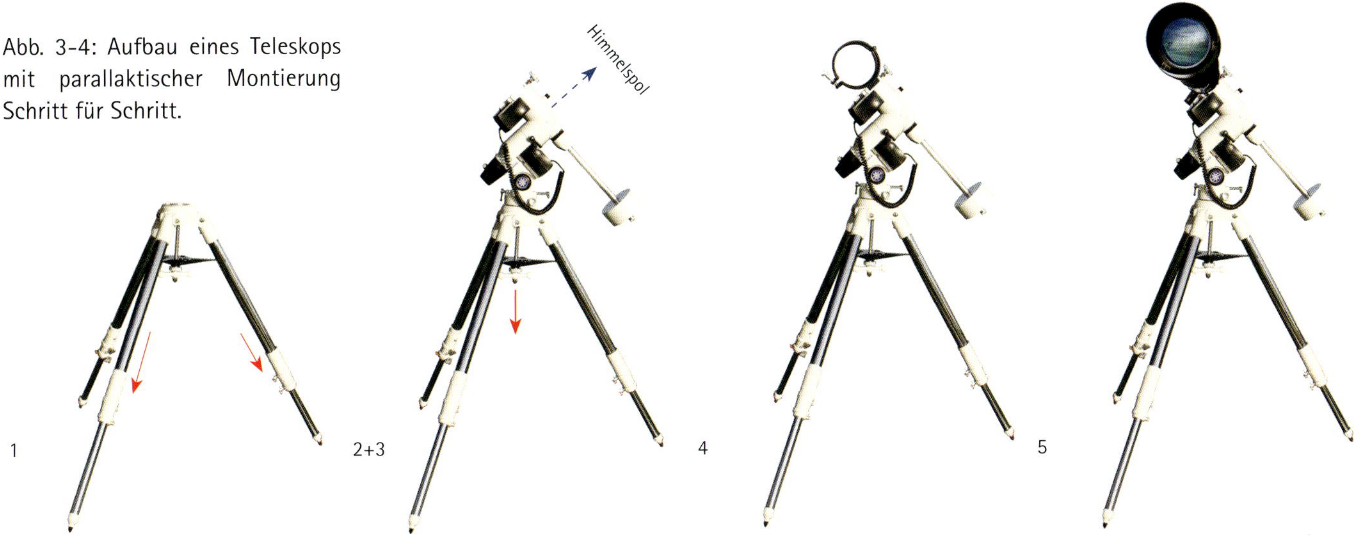

4. Es werden Rohrschellen, Feinbewegungswellen und die Elektronik an der Montierung angebracht, sowie ausreichend Gewichte an der Gegengewichtsstange.
5. Das Teleskoprohr wird in die Rohrschellen gelegt bzw. mit dem Schwalbenschwanz an der Montierung befestigt. Wichtig: darauf achten, dass die Feinbewegungswelle für die Deklination in die Richtung des Okulars zeigt.
6. Das Teleskop wird in beiden Achsen ausbalanciert, wenn es von einer Deutschen Montierung getragen wird.
    a) Zunächst werden Teleskoptubus und Gegengewichte in die Waagrechte gebracht und die Rektaszensionsklemme wird gelöst. Je nachdem ob Tubus oder Gewichte zu Boden sinken, werden die Gegengewichte nach unten oder oben verschoben. Wenn sich trotz offener Klemme nichts mehr bewegt, wird die Rektaszensionsklemme geschlossen und
    b) die Deklinationsklemme geöffnet. Nun wird der Teleskoptubus selbst ausbalanciert, je nach angebrachtem Zubehör (Prisma, Okulare, ...) ist der Okularauszug belastet. Das Rohr wird in leicht geöffneten Rohrschellen (oder in der Schwalbenschwanzführung) so lange verschoben, bis sich trotz geöffneter Klemme nichts mehr rührt. Der Vorteil ist jetzt: das Teleskop kann leicht bewegt werden (bei losgeklemmter Montierung) und bleibt trotzdem in jeder Stellung ohne Klemmung stehen. Ohne Balancierung riskiert man übrigens die feinmechanischen Teile der Montierung zu beschädigen – und das kann teuer werden.

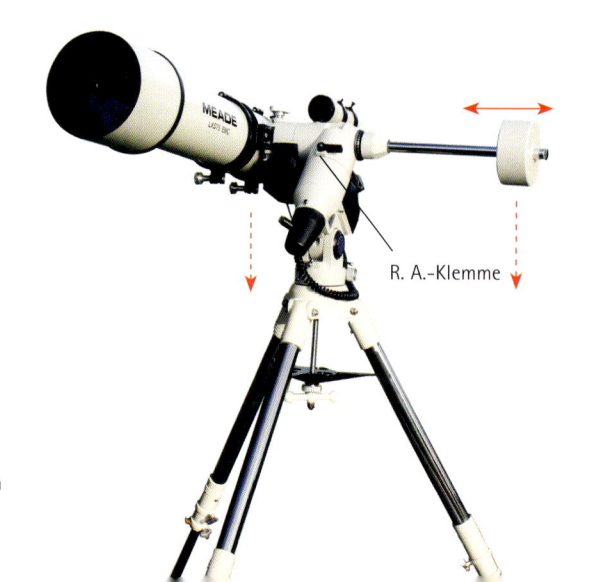

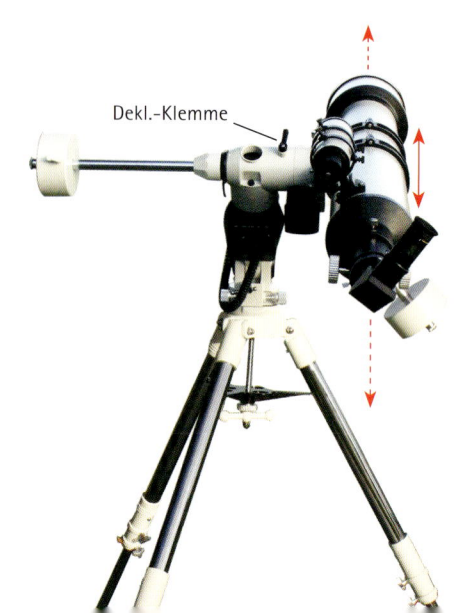

6a

6b

▮ Einnorden mittels Polhöhe

Eine parallaktische Montierung muss auf die Himmelskoordinaten ausgerichtet werden, damit sie korrekt funktionieren kann. Dazu wird die gesamte Montierung um einen bestimmten Winkel geneigt. Dieser Winkel entspricht der geographischen Breite des Beobachtungsorts (für den deutschen Sprachraum etwa zwischen 55° und 45° nördlicher Breite, vgl. Tabelle mit Koordinaten großer Städte im Anhang) und ist identisch mit der Höhe des nördlichen Himmelspols über dem Horizont.

Die Kippung der Montierung um den gewünschten Betrag geschieht am sog. Polbock (deutsche Montierung) oder der Polhöhenwiege (Gabelmontierung). Dazu wird eine Klemmschraube gelöst, bis die Skala den korrekten Wert zeigt. Für die meisten astronomischen Beobachtungen genügt die Genauigkeit dieser Einstellung.

Abb. 3-5: Die Einstellung der Polhöhe findet man am Polbock an der Basis einer deutschen Montierung. Der angezeigte Wert muss mit der geographischen Breite des Beobachtungsorts übereinstimmen.

▮ Einnorden mittels Polsucher

Höhere Genauigkeiten werden insbesondere bei der Astrofotografie benötigt. Dazu bedient man sich der Tatsache, dass der Polarstern (α Ursae Minoris) sehr nahe am nördlichen Himmelspol steht. Dieser Stern wird mit einem Polsucher genau eingestellt.

Ein Polsucher ist ein kleines Hilfsfernrohr, das in die Rektaszensionsachse besserer deutscher Montierungen eingebaut ist. Es besitzt am Okularende eine feste Skala für die Zeit und eine bewegliche Skala für den Monat. Mit der Hilfe der in das Polsucherokular eingeätzten Muster gelingt es, die Montierung mit einer für die Astrofotografie ausreichenden Genauigkeit auf den Himmelspol einzurichten. Die Polhöhe sollte dabei schon vorher so genau wie möglich am Polbock eingestellt sein.

1. Die Montierung grob auf den Himmelspol ausrichten, so dass der Polarstern im Polsucher sichtbar ist.
2. Die Korrektur für den Unterschied von Zeitmeridian in geographischer Länge an der beweglichen Skala einstellen. Für den deutschen Sprachraum ist der Zeitmeridian 15° Ost. Für einen Beobachtungsort bei 10° Ost ist eine Korrektur von 5° Richtung Westen erforderlich.
3. Die Rektaszensionsklemme lösen und verstellen, bis das Datum (mit Korrektur) auf der beweglichen Skala und die Uhrzeit auf der festen Skala übereinstimmen. Sommerzeit dabei nicht berücksichtigen, es zählt nur die jeweilige Basis-Zonenzeit (1 Stunde abziehen).
4. Azimut- und Höheneinstellung am Stativkopf verändern, bis Polarstern die vorgesehene Markierung im Polsucher trifft. Da sich der Polarstern relativ zum Pol bewegt, haben viele Polsucher mehrere Markierungen.

Abb. 3-6: Typisches Polsucherfeld zum genauen Einnorden der Montierung. Auf der Nordhalbkugel wird unter 1 der Polarstern eingestellt. Auf der Südhalbkugel können unter 2 Sterne um σ Octantis eingestellt werden.

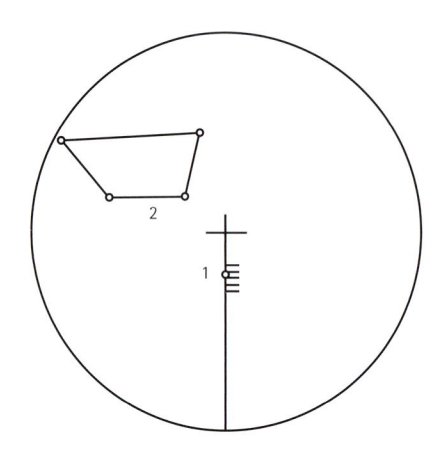

Abb. 3-7: Um den Polsucher korrekt einzustellen, muss man zunächst die Differenz zum Zeitmeridian der jeweiligen Zeitzone berücksichtigen (A). Dann werden die Skalen für Datum (B) und Uhrzeit (C) zur Deckung gebracht.

■ Einnorden mittels Scheiner-Methode

Ohne Polsucher, oder wenn der Polarstern nicht zu sehen ist (Hauswand, Berg), gelangt man mit der Scheiner-Methode zu einer Astrofotografie-tauglichen Einnordung. Da diese etwas Zeit in Anspruch nimmt, sei sie vor allem für fest montierte Geräte empfohlen.

1. Montierung grob auf den Himmelspol ausrichten
2. hellen Stern im Süden am Himmelsäquator einstellen, Deklinationsachse festklemmen
3. Stern nachführen, dabei auf Abweichung von der Bildmitte achten
   → weicht der Stern nach Süden ab:
      Azimuteinstellung am Stativkopf nach Osten drehen
   → weicht der Stern nach Norden ab:
      Azimuteinstellung am Stativkopf nach Westen drehen
   Vorgang wiederholen, bis keine Abweichung mehr auftritt
   (auf Bildorientierung im Fernrohr achten!)
4. hellen Stern im Osten am Himmelsäquator einstellen, Deklinationsachse festklemmen
5. Stern nachführen, dabei auf Abweichung von der Bildmitte achten
   → weicht der Stern nach Süden ab:
      Polhöhe größer einstellen
   → weicht der Stern nach Norden ab:
      Polhöhe kleiner einstellen
   Vorgang wiederholen, bis keine Abweichung mehr auftritt
   (auf Bildorientierung im Fernrohr achten!)

■ Initialisierung einer Goto-Montierung

Montierungen mit Goto-Steuerung nehmen die Einnordung dem Teleskopbenutzer ab. Dafür muss die Montierung aber am Sternhimmel initialisiert werden, d.h. der Computer der Steuerung muss seinen virtuellen Sternhimmel mit dem realen Firmament in Übereinstimmung bringen.
Im Prinzip läuft jede Initialisierungs-Routine nach dem gleichen Muster ab:

1. aktuelles Datum und Uhrzeit eingeben
2. Standort eingeben, entweder über eine Postleitzahl oder geographische Koordinaten. Die genauen Koordinaten erfährt man z.B. über eine topographische Karte oder einen mobilen GPS-Empfänger
3. Die Montierung schlägt nun Sterne vor, anhand derer die Ausrichtung geprüft wird. Dabei handelt es sich um besonders helle und bekannte Sterne. Diese müssen nun genau im Okular des Fernrohrs zentriert werden. Einige Montierungen fahren die Sterne auch automatisch an.

Je nach Hersteller und Steuerung gibt es verschiedene Variationen dieser Stern-Initialisierung:

- bei der 3-Stern-Initialisierung müssen drei möglichst weit voneinander entfernte Sterne nacheinander eingestellt werden. Diese Methode ist recht genau, aber auch zeitaufwändig
- bei der 2-Stern-Initialisierung, die in den meisten Steuerungen Standard ist, lässt man einen Stern weg und spart sich somit Zeit, erhält jedoch auch eine etwas ungenauere Einstellung, die jedoch für den normalen Gebrauch und visuelle Beobachtungen vollkommen ausreichend ist
- bei der 1-Stern-Initialisierung gibt es nur grobe Ergebnisse. Diese von nur wenigen Steuerungen unterstützte Routine ist sinnvoll, wenn nur wenige Objekte sichtbar sind, wie z.B. bei Beobachtungen am Taghimmel
- für die Astrofotografie muss die Ausrichtung besonders genau sein. Einige Steuerungen bieten deshalb die Möglichkeit einer speziellen äquatorialen Initialisierung

Die modernste Form der Goto-Steuerungen nimmt die gesamte Initialisierung dem Benutzer ab. Ein GPS-Sensor erkennt automatisch Datum, Uhrzeit und Beobachtungsort und richtet sich selbstständig auf den Himmel ein. Der Beobachter muss die Angaben nur noch an der Tastatur des Handgerätes bestätigen. Damit die GPS-Funktionen korrekt arbeiten können, benötigen sie jedoch einen freien Zugang zum Himmel, um von mehreren GPS-Satelliten Daten abrufen zu können. Auf Balkonen oder Terrassen können je nach Lage Empfangsprobleme auftreten.

Für alle Goto-Montierungen wichtig ist die exakt waagerechte Aufstellung des Stativs, da sonst die Berechnungen der Steuerungen nicht stimmen. Manche Montierungen verfügen über eine Dosenlibelle (Wasserwaage) am Stativkopf. Bei den modernen Goto-Montierungen ist auch dieses Problem elektronisch gelöst, hier erkennt ein empfindlicher Kreisel die Position der Montierung.

Aufsuchen

Bevor man einen schönen Sternhaufen im Okular bewundern kann, muss dieser erst einmal aufgefunden werden. Meist benötigt man – gerade als Einsteiger – mehr Zeit und Mühe für das Aufsuchen als für das Betrachten des Objekts; viele Einsteiger verzweifeln daran, weil sie nichts finden.

Die Sicherheit und Schnelligkeit beim Aufsuchen kommt nur mit viel Übung. Zunächst soll ein heller Stern oder Planet aufgesucht werden.

1. Über den Teleskoptubus hinweg das Objekt anpeilen. Besonders bei Teleskopen mit kurzer Brennweite, die womöglich noch auf einem Tischstativ stehen, ist das fast unmöglich. Nützlich können Schrauben oder Kanten der Rohrschellen sein, die man als Hilfspunkt nimmt. Peileinrichtungen, die einen roten Punkt an den Himmel projizieren, können als Zubehör gekauft werden, z.B. der »Telrad«.

2. Blick ins Sucherfernrohr. Ohne sich am Teleskoprohr oder Sucher festzuhalten sollte mit offenen Montierungsklemmen versucht werden, das helle Objekt in das Suchergesichtsfeld zu bekommen. Festhalten am Teleskop ist übrigens nie anzuraten, man verstellt dadurch sehr leicht ein eingestelltes Objekt. Ist das Objekt im Sucherfeld sichtbar, stellt man die Klemmen der Montierung fest und zentriert das Ziel mit den Feinbewegungen im Sucherteleskop.

3. Zum Hauptteleskop wechseln; wichtig ist, das der Sucher vorher parallel zum Hauptrohr justiert wurde (siehe Schritt 2). Hier sollte bereits das Okular mit der niedrigsten Vergrößerung im Auszug stecken. Wenn das Objekt noch nicht im Gesichtsfeld eingestellt ist, erkennt man vielleicht anhand von Geisterbildern oder aufgehelltem Himmel in einer bestimmten Richtung, wo das gesuchte Objekt steht.

Achtung: sehr viel Übung erfordert der Übergang vom bloßen Auge auf den Sucher und zuletzt das Hauptteleskop, denn oft ist die Bildorientierung nicht identisch (siehe Schritt 2)!

■ Starhopping

Die allermeisten astronomischen Objekte sind leider so schwach, dass man sie nicht mit bloßem Auge sieht, auch nicht im Sucher. Hier muss man langsam von helleren Sternen, die man zunächst im Teleskop einstellt, über immer schwächere Sterne und Sternmuster zum gesuchten Objekt »hinhüpfen«. Diese Technik wird als Starhopping bezeichnet, man kann mit ihr sowohl schwache Planeten oder Kleinplaneten, Kometen und Deep-Sky-Objekte finden. Dazu ist eine gute Aufsuchkarte oder ein Atlas notwendig. Beispiele zum Üben bieten die in diesem Buch vorgestellten Deep-Sky-Objekte (siehe Schritt 4).

Das Starhopping erfolgt in drei Schritten:

1. Zunächst wird mit dem bloßen Auge ein heller Stern in der Nähe des Objekts gesucht, und dieser im Sucherteleskop eingestellt. Im Atlas sollte die zu hüpfende Strecke gut zu überblicken sein. Wichtig: Atlaskarte so drehen, dass sie der Orientierung im Sucherteleskop entspricht.
2. Ist der Stern im Sucher eingestellt, wird die Karte herangezogen und die Strecke zwischen Stern und gesuchtem Objekt betrachtet: Lassen sich markante Muster unter den schwachen Sternen finden, wie etwa Dreiecke, Trapeze, Sternketten, Pärchen? Dann hüpft man von Muster zu Muster näher zum gesuchten Objekt hin, immer zwischen Sucheranblick und Sternkarte wechselnd.
3. Viele Himmelsobjekte sind auch im Sucher nicht als solche zu erkennen. Dann muss zum Hauptteleskop gewechselt werden, indem man das letzte Sternmuster im Sucher einstellt und im Teleskopokular wiederfindet. Das ist besonders schwierig bei unterschiedlicher Bildorientierung in Sucher und Teleskop. Nun schwenkt man vorsichtig und langsam in die Richtung des Objektes. Meist stehen helle Suchersterne nahe genug, so dass es nicht schwer fällt, das Objekt zu zentrieren, obwohl es im Sucher unsichtbar ist.

Wichtig für das Starhopping ist, dass man ein Gefühl für die Gesichtsfelder von Sucherteleskop und Aufsuchvergrößerung im Hauptteleskop hat. Dies ist erst nach vielen Aufsuchtouren erreicht, man gewinnt erst nach und nach das Gefühl für die Benutzung. Erfahrene Sternfreunde mit langjähriger Praxis hüpfen über große Himmelsstrecken in Sekunden. Dieser Sport erfordert aber höchste Konzentration, wie überhaupt allgemein die praktische Astronomie.

Übrigens: Hat man sich einmal »verfahren«, sollte man nicht hilflos am Himmel »herumrühren«, um durch Zufall doch noch auf den rechten Weg zu kommen – das klappt meistens nicht und kostet viel Zeit – sondern geduldig von vorne anfangen.

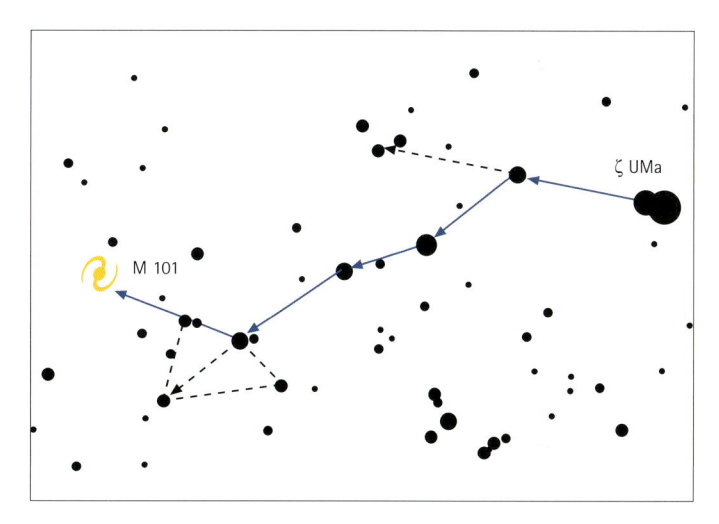

Abb. 3-8: Starhopping-Schema am Beispiel der Galaxie M 101: Von einem hellen Stern ausgehend stößt man Schritt für Schritt zum Ziel vor. Zur Orientierung bildet man Linien und Muster und beachtet die dadurch vorgegebenen Strecken und Winkel.

■ Sternzeit-Methode

Die Teilkreise einer parallaktischen Montierung erlauben es, Himmelsobjekte direkt einzustellen, wenn deren Koordinaten bekannt sind. Diese Methode ist für azimutal aufgestellte Teleskope nicht geeignet und erfordert eine genaue Einnordung der Montierung auf den Himmelspol (»Pi-mal-Daumen«-Ausrichtung reicht nicht aus).

1. Der gewünschte Deklinationswert wird am Teilkreis der Deklinationsachse eingestellt.
2. Die Rektaszensionsachse wird genau auf die Südrichtung gestellt und an dem beweglichen R.A.-Teilkreis 0^h eingestellt.
3. Die Differenz aus Sternzeit (gerade gültige R.A. in der Südrichtung) und Rektaszensionswert des gesuchten Objekts wird gebildet. Die Sternzeit kann einem Jahrbuch entnommen werden. Das Ergebnis ist der Stundenwinkel in h und min.
4. Für positive Stundenwinkel wird die R.A.-Achse um den Differenzbetrag nach Westen verstellt, für negative Stundenwinkel nach Osten. Das gesuchte Objekt sollte nun im Okular stehen.

Beispiel: Das gesuchte Objekt hat die Koordinaten R. A. = 17^h 42^{min} und Dekl. = +6° 26'. Die Sternzeit beträgt am 1.7. um 0:00 Uhr MEZ 18^{h}22^{min}. Der Stundenwinkel beträgt zu diesem Zeitpunkt +0^h 40^{min}. Die Rektaszensionsachse muss also um 40^{min} nach Westen bewegt werden.

Die Methode ist nicht nur wegen der genauen Aufstellung kritisch, sondern auch deshalb, weil sich die Sternzeit und damit der Stundenwinkel aufgrund der Erddrehung ständig ändert. Eine motorische Nachführung ist deshalb sehr zu empfehlen.

Abb. 3-10: Der Deklinationsteilkreis einer deutschen Montierung mit einer zusätzlichen Nonius-Skala. Zunächst wird der gesuchte Wert grob eingestellt (A). Mit dem Nonius kann man nun noch genauer ablesen (B): Stimmt ein Skalenstrich auf der linken Seite des Nonius mit der Hauptskala überein, muss man den Wert der Nonius-Skala dazuaddieren (+). Ist ein Skalenstrich auf der rechten Seite des Nonius in Übereinstimmung mit der Hauptskala, subtrahiert man diesen Wert (–).

Im gezeigten Beispiel sind an der Hauptskala zwischen 46° und 48° eingestellt. Der Nonius stimmt auf der linken Seite in Höhe der 0,5 mit der Hauptskala überein, deshalb muss 0,5° dazu addiert werden. Der hier angezeigte Wert ist also 46,5° bzw. 46° 30'.

■ Differenzkoordinaten-Methode

Die Differenzkoordinaten-Methode arbeitet ebenfalls mit den Teilkreisen einer parallaktischen Montierung. Sie ist für azimutal aufgestellte Teleskope nicht geeignet und erfordert eine genaue Einnordung der Montierung auf den Himmelspol (»Pi-mal-Daumen«-Ausrichtung reicht nicht aus). Man benötigt dazu die Koordinatenwerte des gesuchten Objektes sowie eines hellen Referenzsternes in der Nähe.

1. Zunächst wird ein heller Stern in der Nähe des Objektes eingestellt. Der Teilkreis der Deklinationsachse sollte bereits den Koordinatenwert zeigen. Der Rektaszensions-Kreis muss noch auf die richtige Anzeige bewegt werden, dazu wird nur der Teilkreis (und nicht die Achse) losgeklemmt und entsprechend eingestellt. Kann der Rektaszensionskreis nicht verstellt werden, ohne auch die Achse zu bewegen, muss man sich den angezeigten Wert möglichst genau notieren.
2. Nun werden nacheinander beide Achsen bewegt, bis die Anzeige der Teilkreise den Wert des Objektes anzeigen. Für den Fall der festen Rektaszensionsscheibe muss man die Differenz der Koordinaten von Stern und Objekt berechnen, und die Achse um diesen Wert verstellen, bei +Vorzeichen in westliche Richtung, bei –Vorzeichen in östliche Richtung.

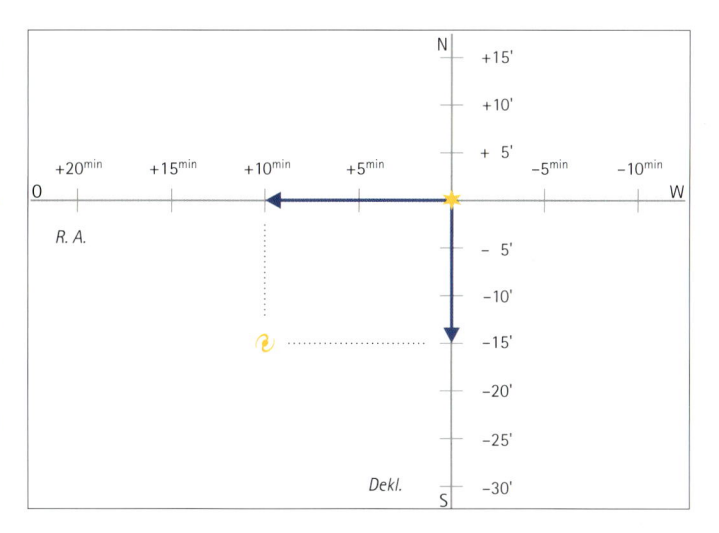

Abb. 3-9: Aufsuchen einer Galaxie per Koordinatenmethode: Von einem hellen Stern ausgehend wird der Unterschied in Rektaszension und Deklination ausgerechnet und an den Teilkreisen eingestellt.

Beispiel: Der Referenzstern hat die Koordinate R. A. = 17^h 32^{min} und Dekl. = +6° 41', das gesuchte Objekt R. A. = 17^h 42^{min} und Dekl. = +6° 26'. Die Rektaszensionsache muss nun also 10^{min} nach Osten gestellt werden, die Deklinationsachse um 15' nach Süden.

Goto-Methode

Besitzern einer Montierung mit Goto-Funktionalität wird das Einstellen von Himmelsobjekten besonders einfach gemacht: Man muss nur die Bezeichnung des Objekts in die Handbox der Steuerung eingeben, und schon fährt das Teleskop wie von Geisterhand zum angegebenen Ziel.

Dennoch ist in einigen Fällen das gesuchte Objekt nicht im Okular zu sehen. Dies kann mehrere Gründe haben:

1. Das Objekt ist zu schwach für eine visuelle Beobachtung mit dem gegebenen Teleskop. Moderne Goto-Steuerungen enthalten bis zu 40000 Himmelsobjekte in ihren Datenbanken. 80% bis 90% der dort verzeichneten Objekte sind aber mit den üblicherweise verwendeten Teleskopen von 90mm bis 250mm Öffnung nicht zu sehen. Die Objektauswahl sollte deshalb von vornherein auf die Leistungsfähigkeit des Teleskopes beschränkt werden.
2. Die menschliche Lichtverschmutzung führt dazu, dass die Zahl der tatsächlich im Teleskop sichtbaren Objekte zusätzlich um einiges kleiner ist, als nach den theoretischen, auf einen dunklen Standort des Teleskops bezogenen Leistungsdaten. Insbesondere Beobachter im Bereich von Städten können neblige Objekte (Nebel, Galaxien) nur sehr eingeschränkt beobachten.
3. Die Montierung arbeitet nicht genau genug. Wie genau die Position des Zielobjekts getroffen wird, hängt von der Genauigkeit der Initialisierung und dem Schwenkweg zum Objekt ab. Je weniger Eichsterne bei der Initialisierung verwendet werden, und je länger der Schwenkweg der Montierung vom vorhergehenden Objekt ist, desto ungenauer wird die Positionierung. Einige Steuerungen verfügen über die Möglichkeit, bei besonders langen Schwenkwegen die Montierung neu zu eichen, indem beispielsweise ein heller Stern nahe der Position des Objektes zentriert wird und die Montierung die Differenz wegrechnet. Generell empfiehlt es sich, zwischen den Objekten möglichst geringe Schwenkwege zu wählen.
4. Die Vergrößerung ist zu hoch. Selbst bei perfekt eingerichteten Goto-Montierungen hat die Positionierung eine Ungenauigkeit von mehreren Bogenminuten, die sich durch Schwenkwege über den ganzen Himmel aufaddieren kann. Ist das Gesichtsfeld bei hoher Vergrößerung sehr klein und wird das Objekt außerhalb des Feldes positioniert, wird es vom Beobachter übersehen.
5. Die Vergrößerung ist zu niedrig. Viele besonders kleine Objekte erfordern hohe Vergrößerungen, um sie überhaupt sichtbar zu machen. In einem niedrig vergrößernden Übersichtsokular kann der Eindruck entstehen, dass das Objekt nicht gefunden wurde.

Die automatische Positionierung hat generell den Nachteil, dass man im Sternfeld keine Orientierung hat. Wird das Objekt verstellt oder ist es nicht sichtbar, besteht meistens keine Chance mehr zum Ausgangspunkt zurückzufinden. Bei schwachen Objekten ist deshalb das Starhopping die sicherere Methode, besonders bei hellen Objekten ist eine Goto-Steuerung jedoch unschlagbar schnell und bequem.

Gesichtsfeld

Bei der Fernrohrbeobachtung wird man schnell feststellen, dass man mit der kleinsten Vergrößerung am häufigsten beobachtet. Mit dieser hat man das größte Feld, das schärfste Bild, die geringste Nachführbewegung, den besten Überblick. Mit der kleinsten Vergrößerung beginnt jede Beobachtung, für große Sternhaufen wie die Plejaden oder Galaxien wie die Andromedagalaxie ist es die beste Vergrößerung überhaupt. Man sollte versuchen, sich ein Okular anzuschaffen das der Minimalvergrößerung nahe kommt; dieses erleichtert die Orientierung ungemein.

Jedes Objekt verdient es, höhere Vergrößerungen auszuprobieren. Dabei geht man Schritt für Schritt von der kleinsten Vergrößerung nach oben. Will man zuviel auf einmal, kann es sein, dass man das Objekt verliert. Hohe Vergrößerungen (über 100×) haben ihre Tücken. Das Feld ist im Vergleich zu 20× oder 40× winzig, die Bewegung der Erddrehung ziemlich schnell, das Bild dunkel und schwer scharfzustellen. Oft kann man kaum nachstellen, schon ist das Objekt wieder aus dem Gesichtsfeld gewandert.

Bewegung eines Sternes pro Sekunde = 15,04" × cos Deklination

Beispiel: Ein Stern bei 30° Deklination bewegt sich pro Sekunde um etwa 13".

Es ist nicht sinnvoll, zu hoch zu vergrößern. Wenn sich das Bild gar nicht mehr scharfstellen lässt, kann dies am schlechten Seeing oder daran liegen, dass die Vergrößerungsfähigkeit des Instrumentes überschritten ist. Mit ein bisschen Probieren findet man für jedes Objekt die Idealvergrößerung (die wegen des Seeings der Durchsicht und des Wetters von Nacht zu Nacht unterschiedlich sein kann). Manche Objekte sind bei allen Vergrößerungen lohnenswert zu beobachten, immer jeweils mit anderem Eindruck, wie etwa der Große Orionnebel.

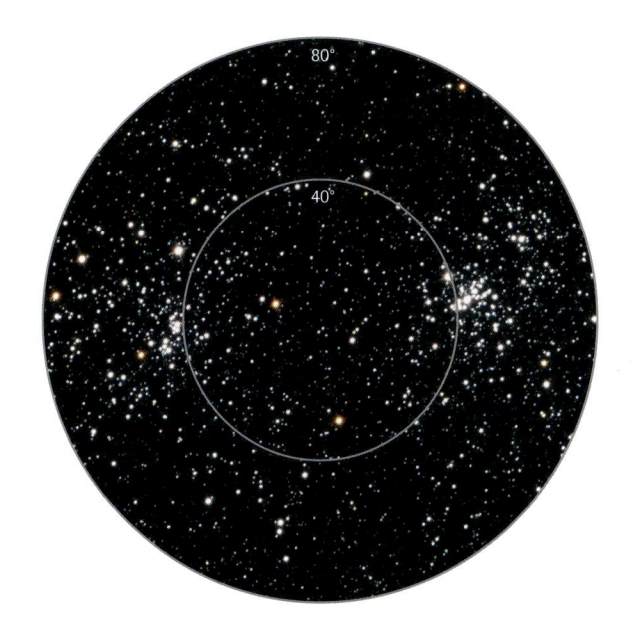

Abb. 3-11: Anblick eines Deep-Sky-Objekts bei zwei verschieden großen Gesichtsfeldern (40° und 80°).

Für die Orientierung mit dem Fernrohr ist es wichtig zu wissen, wie groß der gerade betrachtete Himmelsausschnitt ist. Dies ist mit einer einfachen Formel in etwa zu berechnen.

Durchmesser des Gesichtsfelds in ° =
scheinbares Okulargesichtsfeld in ° / Vergrößerung

Beispiel: Im 60/900-Teleskop wird mit einem 20mm-Okular beobachtet, das 40° Eigengesichtsfeld hat. Bei einer Vergrößerung von 45x ist das Feld also 0,9° groß.

Man kann das Gesichtsfeld auch mit der Durchlaufzeit eines Sterns berechnen:

Durchmesser des Gesichtsfeldes in ' =
(Durchlaufzeit in Sekunden x cos Deklination) / 4

Beispiel: Ein Stern bei 45° Deklination benötigt 140 Sekunden für den Durchlauf des Gesichtsfeldes. Das wahre Feld beträgt dann 24,8'.

Hierbei ist ein Fadenkreuz im Okular sehr hilfreich, wobei man das Okular so verdrehen kann, dass der Stern entlang eines Fadens quer durch das Feld läuft.
Es hat sich bewährt, für den Sternatlas auf Transparentfolien mit einem Stift maßstabsgetreu Kreise zu zeichnen, die das Gesichtsfeld der häufigsten benutzten Vergrößerungen zeigen. Mit solchen Schablonen gelingt besonders Einsteigern die Orientierung leichter.

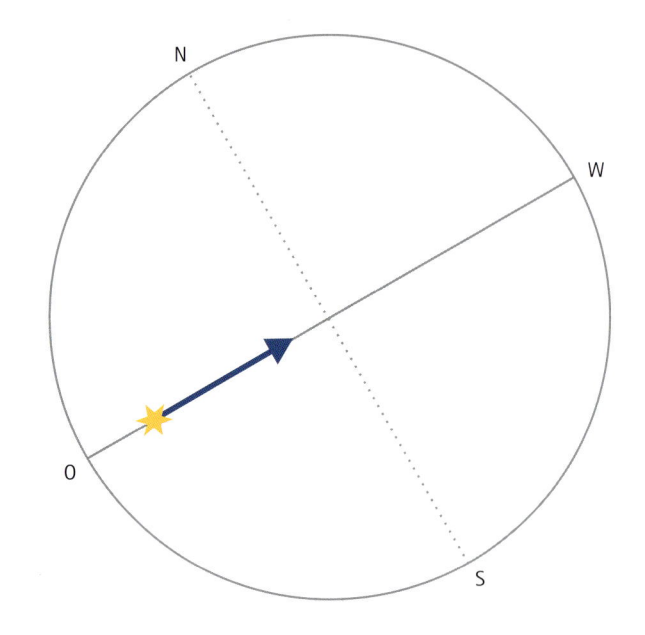

Abb. 3-12: Durchlauf eines Sterns durch das Gesichtsfeld.

Beobachtungstechniken

Schon in der Dämmerung am Beobachtungsplatz zu sein hat einen Vorteil: Die Augen haben genug Zeit, sich an die Dunkelheit zu gewöhnen. Eine gute Dunkelanpassung, als Adaption bezeichnet, ist unbedingt notwendig, wenn man schwache Deep-Sky-Objekte beobachten will. Vor allem aus diesem Grund sollte kein Fremdlicht (Straßenlampen, Autoscheinwerfer) am Beobachtungsplatz stören.

Das menschliche Auge nimmt das Licht mit zwei unterschiedlichen Arten von Sinneszellen wahr. Die sogenannten Zapfen sind für das farbige und scharfe Sehen zuständig. Sie sind in der Mitte der Netzhaut konzentriert, wir benutzen sie beim normalen alltäglichen Sehen. Leider sind viele astronomische Objekte so schwach, dass die Zapfen auf die geringen Lichtreize nicht reagieren. Empfindlicher sind die Stäbchen, die über einen größeren Raum um die Mitte der »optischen Achse« des Auges verteilt sind. Mit ihnen ist aber nur ein relativ unscharfes schwarz-weiß Sehen möglich – sehr gut einsetzbar bei schwachen Objekten.

Hobby-Astronomen bedienen sich deshalb eines Tricks, der die Nutzung der zur optischen Achse des Auges asymmetrischen Verteilung der lichtempfindlicheren Stäbchen ermöglicht. Visiert man nicht direkt das fragliche Objekt an, sondern schaut leicht daran vorbei, achtet aber trotzdem »schielend« auf den fraglichen Punkt, sieht man schwache Objekte viel besser. Diese Technik wird als Indirektes Sehen bezeichnet. Galaxien werden größer, schwache Nebelfilamente länger, schwächere Sterne sichtbar, oder aber ein Objekt kann überhaupt erst wahrgenommen werden.

Helle Lichteindrücke schädigen die Wahrnehmungsfähigkeit der Stäbchen. Die Adaption ist im Wesentlichen nach 10 Minuten abgeschlossen, sie verbessert sich aber weiterhin zunehmend auch noch nach 30 Minuten in Dunkelheit. Ausgeruhte, junge Augen können besser adaptieren als alte und tagsüber überanstrengte Augen. Schädlich für die Wahrnehmung sind auch Nikotin- und Alkoholgenuss (auch in kleinsten Mengen).

Die Empfindlichkeit des menschlichen Auges reicht von 420 bis 700nm (in Extremfällen von 320–835nm). Dabei sind die Empfindlichkeitskurven von Stäbchen und Zapfen um 50nm versetzt, während tagsüber das Maximum bei 550nm und die Grenze bis 700nm reicht, ist das Nachtsehen bei 500nm maximal, die Stäbchen können aber nur bis 630nm Licht aufnehmen. Beim Tagsehen sind Farbunterschiede von 1–6nm wahrnehmbar. Die hellsten Sterne zeigen mit dem bloßen Auge ihre Farbe, und im Teleskop lassen sich an einigen Doppelsternen gut Farbkontraste studieren. Sternfarben sind leichter zu sehen, wenn man den Stern etwas unscharf stellt.

> Für die **Winkelauflösung eines perfekten Auges** bei maximal kontrastreichen Objekten (schwarz auf weiß) gilt:
> - Punkt: 40"
> - Linie: 1,5"
> - zwei Punkte: 120" (dunkeladaptiert)
> - Scheibchen: 180"

Man muss also die Objekte so hoch vergrößern, dass sie das Auge unter einem genügend großen Winkel wahrnehmen kann. Viele astronomische Objekte wirken beim ersten Hinsehen enttäuschend schwach oder detaillos. Dies liegt daran, dass der angehende Beo-

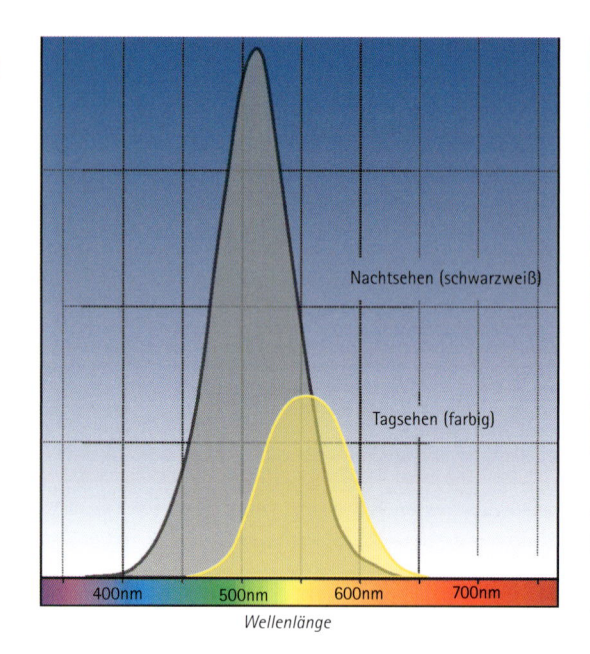

Abb. 3-13: Indirektes Sehen am Beispiel des Planetarischen Nebels NGC 6826 – zusätzlich zum Zentralstern wird nun auch der Nebel sichtbar.

Abb. 3-14: Empfindlichkeitskurven des menschlichen Auges.

bachter das Sehen am Fernrohr noch nicht gelernt hat. Anders als vor dem Fernseher sehen nicht alle Menschen gleich viel am Teleskop, den Unterschied macht die Beobachtungserfahrung aus. Dazu gehört die Beherrschung von grundlegenden Beobachtungstechniken am Fernrohr.

Der Unterschied zwischen der Wahrnehmungsfähigkeit eines Anfängers und eines erfahrenen Beobachters kann Welten betragen, sie muss trainiert werden. Ein beginnender Beobachter sieht noch nicht einmal ansatzweise das, was ein geübter Amateurastronom erkennt. Wichtig ist es, dies zu wissen, und nicht am Anfang enttäuscht zu sein, wenn man wesentlich weniger sieht als in Büchern oder Zeitschriften geschrieben steht. Mit größerer Beobachtungspraxis erlernt man eine Art Bildverarbeitung, die bewusst und unterbewusst geschieht, und die – nach einer anfänglichen Stillstandsphase – bald von Nacht zu Nacht mehr erkennen lässt. Dieses Phänomen wird als Teleskopisches Sehen bezeichnet. Auch nach jahrelanger Praxis verbessert sich das Teleskopische Sehen deutlich. Beobachtet man aber längere Zeit nicht mehr, nehmen die Fähigkeiten schnell wieder ab.

Zeichnen

Zeichnen in Kälte und Dunkelheit ist sicher nicht jedermanns Sache. Auch ohne Talent sollte man einen Versuch wagen, denn das Erstellen einer Zeichnung erhöht die Konzentration und vertieft damit das Erlebnis – viele Sternfreunde schwören darauf.
Betrachten Sie zuerst das Objekt eine Weile. Gewöhnen Sie sich an den Anblick, versuchen Sie das Objekt ein wenig kennen zu lernen. Suchen Sie die ideale Vergrößerung heraus, bei der Sie den schönsten Eindruck haben. Nach etwa 10–15 Minuten holen Sie sich eine schwache rote Taschenlampe, einen Bleistift und ein Klemmbrett mit weißem Papier darauf. Setzen Sie sich wieder ans Fernrohr und blicken Sie ins Okular.

1. Helle Sterne zeichnen. Versuchen Sie, die Abstände und Winkel zwischen diesen Sternen so exakt wie möglich zu fixieren, nutzen Sie dabei mindestens 10cm auf dem Zeichenpapier aus.

Geschieht Ihnen ein Fehler, so macht das nichts: Einfach den falschen Stern ausstreichen – auf keinen Fall aber radieren; das schon feuchte Papier wird zerrieben und taugt nicht mehr als Zeichenpapier!

2. Markante Hell-Dunkel-Grenzen (Nebel, Galaxie) erfassen. Zeichnen Sie diese als Linien zwischen den bereits gezeichneten Sternen auf das Papier.

3. Feinzeichnung. Es gilt jetzt genau hinzuschauen; probieren Sie noch einmal, ob nicht eine höhere Vergrößerung mehr Einzelheiten erkennen lässt. Suchen Sie sich ein einfach abzugrenzendes Teilgebiet heraus, das Sie bereits grob auf Ihrer Zeichnung erkennen können. Beobachten Sie nochmals 10–15 Minuten, bis Sie meinen, alle Einzelheiten mindestens zweimal gesehen zu haben. Nehmen Sie nun das Brett zur Hand und tragen Sie Detail für Detail langsam in die Zeichnung ein, was

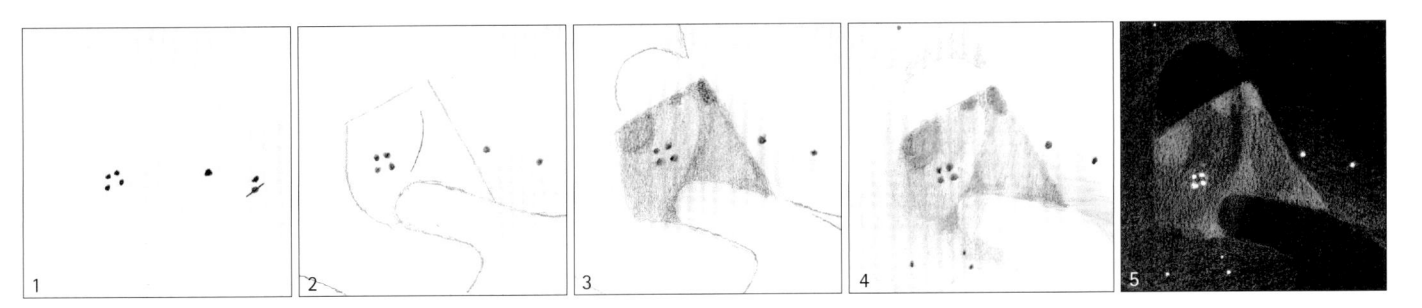

Abb. 3-15: Zeichnungssequenz am Beispiel des Orionnebels.

Sie sehen konnten. Blicken Sie dabei immer wieder ins Okular, um bereits gezeichnete Regionen zu überprüfen und einen frischen Eindruck zu bekommen. Sie werden erstaunt sein, wie viel Sie jetzt sehen, und was Ihnen alles beim ersten Hinschauen entgangen ist.

4. Partien in den Außenbezirken eintragen. Nach Beendigung der Feinzeichnung blicken Sie noch einmal für 5–10 Minuten ins Okular und überprüfen die Einzelheiten Ihrer Zeichnung. Wahrscheinlich werden Sie noch hier oder da kleine Ergänzungen vornehmen, die Ihnen vorher entgangen sind. Wenn Sie meinen, nach längerer Beobachtung keine noch nicht gezeichneten Details mehr zu entdecken, beenden Sie Ihre Zeichnung.

5. Am nächsten Tag machen Sie in aller Ruhe die Eintragung ins Beobachtungsbuch. Jetzt ist die Gelegenheit, die Rohzeichnung der Nacht auf feinen schwarzen Karton umzuzeichnen. Nehmen Sie dazu einen weißen Buntstift für den Nebel und weiße Tusche für die Sterne. So können Sie Ihre Beobachtungen aus der Nacht auch anderen Sternfreunden bildschön vorstellen und erhalten gleichzeitig ein bleibendes Andenken an eine erlebnisreiche Beobachtung.

Sie möchten Ihre Beobachtungen mit Zeichnungen anderer Beobachter vergleichen (Fotos sind nicht direkt mit Zeichnungen vergleichbar!). Sie werden Unterschiede und Übereinstimmungen finden; sicher wird Ihre Zeichnung auch nicht so viel zeigen beim ersten Mal. Aber je öfter Sie zeichnen, desto besser werden Ihre Zeichnungen werden, Sie werden mehr Details sehen und mehr Spaß daran haben. Versuchen Sie auch ruhig, ein und dasselbe Objekt zwei- oder mehrmals in verschiedenen Nächten zu zeichnen; schon beim zweiten Anlauf werden Sie wesentlich mehr sehen als beim ersten Mal!

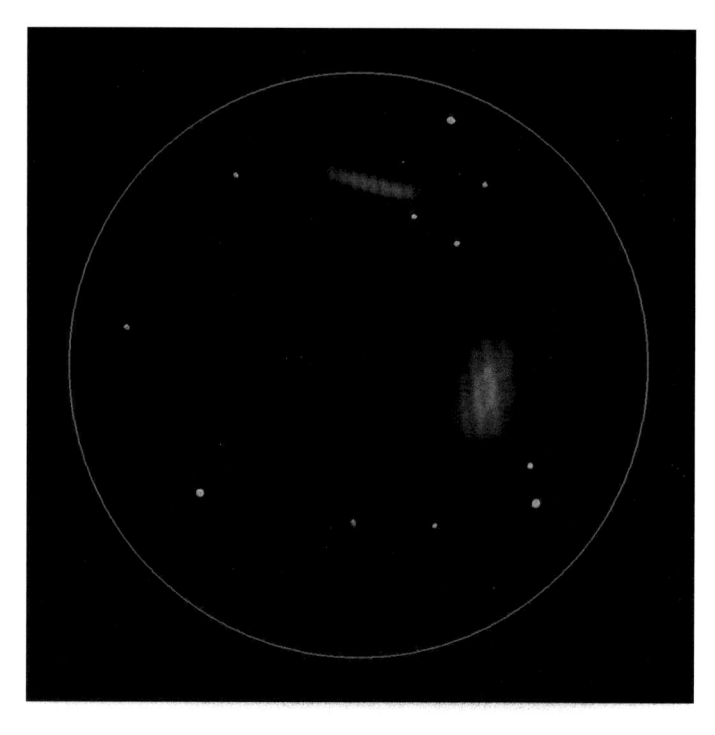

Abb. 3-16: Zeichnung des Galaxienpaars M 81/82 an einem 114/900mm-Newton.

Die Zeichnung von Planeten wie Mars oder Jupiter geschieht analog in fünf Schritten. Dazu benutzt man vorgefertigte Zeichenschablonen (siehe Anhang). Wichtig ist es, alle Felder der Schablone auszufüllen und die genaue Uhrzeit zu notieren.

Eine Planetenzeichnung erfordert sehr viel Übung und Geduld. Planetenbeobachter sitzen minutenlang am Fernrohr, um die wenigen ruhigen Momente des Seeings abzuwarten und dann feinstes Detail zu notieren. Trotzdem darf man nicht zu lange beobachten, denn durch die Eigenrotation der Planeten verschieben sich die Einzelheiten. Nach 10 Minuten sollte eine Planetenzeichnung im wesentlichen beendet sein.

1. Zuerst werden die auffälligsten Dunkelstrukturen und die Polkappe (Mars) bzw. die beiden dunklen Hauptbänder (Jupiter) eingezeichnet. Dabei werden zunächst nur die Umrisse gezeichnet. Dies sollte so sorgfältig wie möglich geschehen.

2. Nun werden weitere markante Einzelheiten skizziert. Leuchtend helle Gebiete kennzeichnet man durch eine gestrichelte scharfe Linie. Jetzt wird die Uhrzeit minutengenau notiert.

3. Die Helligkeits-Intensitäten der Details werden durch Schraffuren wiedergegeben. Alternativ kann man auch Zahlenwerte nach einer Skala von 0 = weiß bis 10 = schwarz in die Umrisslinien eintragen.

4. Zuletzt wird das Planetenscheibchen nach feinsten Details abgesucht. Erst wenn sicher ist, dass keine weiteren Einzelheiten zu sehen sind, oder schon zu viel Zeit vergangen ist, wird die Zeichnung abgeschlossen.

5. Am nächsten Tag kann man die Zeichnung verfeinern bzw. nach den Zahlen des Intensitätsschemas fertig zeichnen. Die fertige Zeichnung sollte direkt an den Okularanblick erinnern und diesen so gut wie möglich wiedergeben. Künstlerische Verfremdungen sind nicht erwünscht.

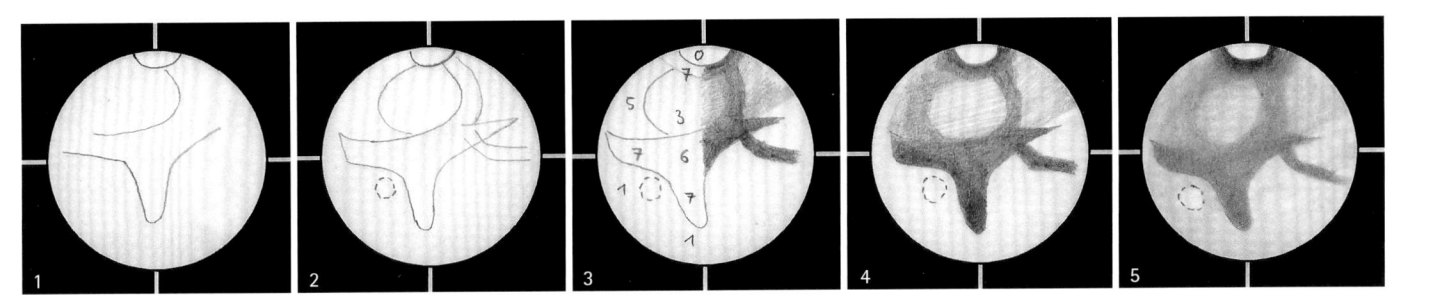

Abb. 3-17: Zeichnungssequenz am Beispiel des Planeten Mars.

Astrofotografie

Die Sterne durch das eigene Teleskop zu fotografieren ist wohl der Traum jedes Fernrohrbesitzers. Leider müssen gleich zu Beginn dieses Kapitels drei Vorbemerkungen gemacht werden:

- Die Astrofotografie erfordert viel Geduld und Erfahrung sowie Übung im Umgang mit dem Teleskop.
- Mit den meisten kleinen Teleskopen ist Astrofotografie nur eingeschränkt möglich.
- Erste Resultate sind schnell erzielt, für richtig gute Ergebnisse benötigt man jedoch sehr viel Zeit.

Die einfachste Variante der Sternfotografie umgeht das Teleskop. Stellt man die Kamera fest auf ein Fotostativ montiert in Richtung Polarstern, kann man mit einem Normalobjektiv (50mm Brennweite) und längerer Belichtungszeit (30min bis 3h) schöne Strichspuren der sich bewegenden Sterne um den Pol aufnehmen. Das Motiv ist dabei besonders schön, wenn etwas Vordergrund mit einbezogen wird. Bedingung ist, dass die Kamera längere Belichtungszeiten erlaubt.

Wenn man die Sterne nicht zu Strichen verzogen abbilden möchte, kann man nur kurz belichten: maximal 15 Sekunden mit einem 35mm-Weitwinkelobjektiv, maximal 10 Sekunden mit einem 50mm-Normalobjektiv und nur noch 3,8 Sekunden mit einem 135mm-Teleobjektiv.

Für jeder weitergehende Fotografie des Nachthimmels ist zumindest eine Montierung erforderlich, die die Kamera der Bewegung der Sterne nachführt. Die Anforderungen werden dabei umso höher, je länger die eingesetzte Brennweite ist.

Abb. 3-18: Strichspurfoto der Region um den Polarstern.

Mitgeführte Kamera

Die zweite Variante der Astrofotografie schließt die Benutzung des Fernrohrs mit ein. Dazu ist eine parallaktische Montierung notwendig. Eine azimutale Montierung ist (zumindest ohne Computersteuerung) nicht zur Astrofotografie dieser Art geeignet.

Die Montierung muss dabei sehr genau auf den Himmelsnordpol ausgerichtet sein – entweder mit Hilfe eines Polsuchers oder der Scheiner-Methode (siehe Seite 72).

Die Kamera wird mit eigenem Objektiv parallel zum Fernrohr auf der Montierung angebracht. Dazu kann sie entweder auf der Gegengewichtsstange befestigt werden, oder sie wird huckepack (engl. »piggyback«) auf das Fernrohr geschnallt, je nachdem, welche Art von Halterungen eingesetzt werden (siehe Seite 39). Das Fernrohr wird als sogenanntes Leitrohr benutzt, man kontrolliert am Okular die korrekte Nachführung, indem man einen Leitstern im Fadenkreuzokular einstellt.

Die benötigte Ausrüstung besteht aus:
- Fadenkreuzokular
- Kamerahalterung
- Fotoobjektiv 50mm bis 200mm Brennweite

Die Nachführgenauigkeit ist abhängig von der Brennweite des Teleobjektives. Je länger diese ist, desto genauer muss nachgeführt werden. Das erledigt man entweder von Hand, oder lässt besser bei langen Belichtungszeiten von ca. 10–20 Minuten den Nachführmotor arbeiten. Dabei muss ständig am Okular kontrolliert werden, ob sich der Leitstern von der Sollposition entfernt, und mit den manuellen Feinbewegungen oder dem Motor korrigiert werden.

Abb. 3-19: Nachgeführte Aufnahme der Himmelsregion um das Sternbild Schütze.

Fokalfotografie

Mit der Piggyback-Fotografie sind Sternfelder und Milchstraßenpartien gut aufzunehmen, Mond, Sonne, Planeten und viele Deep-Sky-Objekte sind aber viel zu klein auf dem Chip. Um diese größer abbilden zu können, muss man längere Brennweiten verwenden. Dazu kommt nun das Fernrohr selbst zum Einsatz. Da im Brennpunkt des Teleskopes fotografiert wird, bezeichnet man diese dritte Variante als Fokalfotografie. Die Kamera wird ohne ihr Objektiv mit Hilfe des Kameraadapters am Okularauszug befestigt. Für die Fokalfotografie sind nur Kameras geeignet, deren Objektiv abgenommen werden kann, und die einstellbare Belichtungszeiten erlauben. Im allgemeinen sind dies Spiegelreflexkameras und CCD-Kameras.

Die benötigte Ausrüstung besteht aus:
- Kameraadapter und T-Ring
- Off-Axis-Guider oder Leitrohr
- Fadenkreuzokular

Die Belichtungszeiten sind je nach Öffnungsverhältnis, Objekt und Kamera sehr unterschiedlich und müssen durch eine Probe-Belichtungsreihe selbst herausgefunden werden. Während Mond und Planeten nur Sekundenbruchteile benötigen, verlangen viele Deep-Sky-Objekte Belichtungen von vielen Minuten. Wichtig: Bei der Sonnenfotografie nie den Objektiv-Filter vergessen! Ohne Filter sind nicht nur die Augen gefährdet, sondern auch das Kameragehäuse.

Mond und Sonne sind im kleinen Amateurfernrohr bei Brennweiten von 500mm bis 2000mm ein schönes Motiv. Für Planetenaufnahmen sind die Brennweiten allerdings immer noch zu klein.

Abb. 3-20: Bei der Fokalfotografie wird im Brennpunkt des Fernrohrs fotografiert. Notwendig ist ein Kameradapter und ein T-Ring.

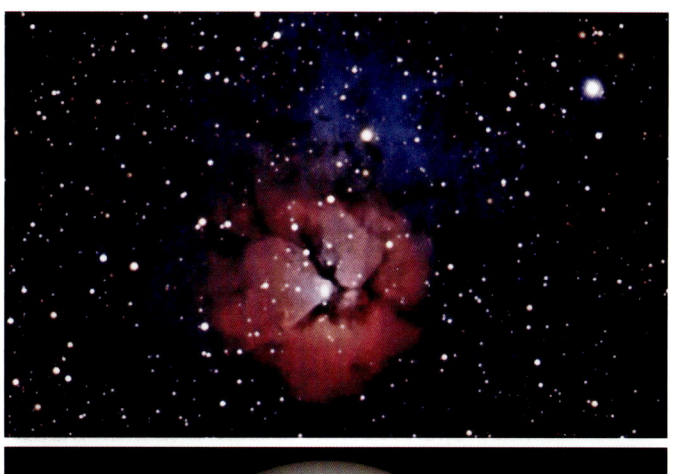

Abb. 3-21: Fokalaufnahmen mit 2000mm Brennweite:
Mond, Trifidnebel und partielle Sonnenfnsternis

Schritt 3 Astrofotografie

91

■ Okularprojektion

Die Planetenbildchen sind auch bei der Fokalfotografie noch zu klein. Deshalb hält man die Kamera nun hinter das mit einem Okular bestückte Fernrohr, diese vierte Astrofoto-Variante wird als Okularprojektion bezeichnet. Als Projektionsokulare haben sich orthoskopische Okulare bewährt. Spezielle Adapter erlauben das Einstecken des Okulars und gleichzeitig den Anschluss der Kamera, es gibt auch Okulare mit integriertem Adapter.

Die benötigte Ausrüstung besteht aus:
- Kameraadapter und T-Ring
- Projektionsokular
- Adapter für die Okularprojektion

In den letzten Jahren haben digitale Kameras immer mehr Fuß gefasst und die herkömmliche fotochemische Kamera abgelöst. Während für Strichspuraufnahmen, Piggyback-Fotografie und Fokalfotografie digitale Spiegelreflexkameras verwendet werden, hat sich bei den Planetenaufnahmen oder Detailfotos von Sonne und Mond der Einsatz von Webcams durchgesetzt. Der Vorteil dieser Kameras sind kurze Belichtungszeiten und die Möglichkeit, die Aufnahmen selbst am Computer zu bearbeiten und auszudrucken.

Abb. 3-22: Bei der Okularprojektion wird durch ein Okular fotografiert. Dazu ist ein spezieller Adapter notwendig, der ein Okular aufnehmen kann.

Größe von Mond und Sonne im Brennpunkt

Aufnahme-Brennweite	Durchmesser
500mm	4,8mm
700mm	6,7mm
900mm	8,6mm
1000mm	9,6mm
1300mm	12,4mm
2000mm	19,2mm

■ Videoastronomie

Die preisgünstigste Methode der Astrofotografie nutzt für Videoanwendungen am Computer gedachte Webcams. Diese Kameras werden direkt mit dem Computer verbunden, der deswegen in unmittelbarer Nähe zum Teleskop stehen muss. Die Kamera nimmt Videosequenzen auf. Um einzelne Aufnahmen zu erhalten, werden die besten Einzelbilder eines Films aussortiert und addiert.

Die benötigte Ausrüstung besteht aus:
- Webcamadapter
- Projektionsokular
- Computer mit Aufnahmesoftware

Abb. 3-23: Eine Webcam mit Adapter für die Okularprojektion (links), Ausrüstung des Webcam-Astronomen mit Teleskop, Wecam mit Adapter, Notebook und Batterie (rechts).

Um eine Webcam für die Astrofotografie zu nutzen, sind einige Modifizierungen nötig:

1. Entfernen des Kameraobjektives durch Herausschrauben. Bei manchen Kameras muss das gesamte Gehäuse aufgeschraubt werden. Der eingebaute kleine Infrarot-Sperrfilter sollte nur für Deep-Sky-Fotografie mit Spiegelteleskopen entfernt werden, denn er unterdrückt die chromatische Aberration von Teleskop und Okularen.
2. Einen Anschluss für den Okularauszug basteln. Entweder man stellt mit Hilfe einer alten Filmdose einen direkten Anschluss für den Okularauszug her (31,8mm Durchmesser entspricht etwa dem Durchmesser der Filmdose), wenn man fokal fotografiert. Oder man bastelt sich einen Adapter für das bei der Okularprojektion benutzte Okular.
3. Im Internet ist kostenlose Software für die Erstellung und Bearbeitung von Webcam-Astrofotos erhältlich.
4. Genau aufsuchen. Das Gesichtsfeld von Webcams ist sehr klein. Eine motorische Nachführung ist bei höheren Vergrößerungen und schwächeren Objekten nötig.
5. Höchste Sorgfalt gilt der Scharfeinstellung. Man sollte zahlreiche Bildversuche und bis zu einer halben Stunde Zeit nicht scheuen, um den optimalen Schärfepunkt zu finden.
6. Viele Einzelbilder addieren. Mit geeigneter Bildbearbeitungssoftware werden viele Dutzend oder hunderte Aufnahmen zu einem Summenbild addiert.
7. Bilder bearbeiten. Das Summenbild wird schließlich noch mit einer Bildbearbeitungssoftware im Tonwert korrigiert und geschärft. Achtung: Zu viel Schärfen schafft Bildfehler, sogenannte Artefakte.

freie Software für die Webcam-Fotografie

Programm	Internet-Download
Giotto	www.giotto-software.de
Registax	registax.astronomy.net

Abb. 3-24: Webcamaufnahme des Planeten Saturn.

Beobachtungsnacht

Einige Hinweise aus der Praxis helfen, eine Beobachtungsnacht möglichst erfolgreich zu gestalten:

- dem Teleskop Zeit zur Temperaturanpassung geben: Im Winter sollte diese Zeit mindestens eine Stunde betragen, erst dann ist die Optik ausgekühlt und zeigt gute Bilder. Dabei haben Teleskope mit geschlossenem Tubus (Refraktoren) weniger Probleme als Fernrohre mit offenem Tubus (Newtonspiegel), bei denen sich durch den Luftaustausch im Tubus störende Turbulenzen bilden.
- Kleidung: Skianzüge, wollenes Unterzeug, Handschuhe, Mützen oder Sturmhauben und gut isolierte Schuhe gehören zur Ausstattung jedes Beobachters
- schwache rote Taschenlampe (um die Adaption der Stäbchen nicht zu stören), deren Licht stufenlos dimmbar sein sollte, so dass man in der Nacht selbst bei direktem Blick in die Lampe nicht geblendet wird
- bequemer Beobachtungsstuhl (höhenverstellbarer Hocker oder Selbstbau)
- kleine Snacks und eine Tasse warmen Getränks aus der Thermoskanne
- regelmäßig kleine Pausen einlegen und seinen Augen etwas Erholung zu gönnen
- beim Abbauen des Teleskops den Tubus vor dem Rücktransport in warme Zimmerluft verschließen, damit kein Beschlagen auftritt
- nie Tau oder Dreck von optischen Flächen durch wegwischen entfernen

Abb. 3-25: »Beobachtungsbüro« – Zubehör auf der Motorhaube.

- beschlagene Okulare zunächst durch Wedeln in der Luft versuchen vom Tau zu befreien, notfalls hilft ein Haartrockner oder die Autoheizung
- ein kleines »Büro« auf einem Tisch oder der Motorhaube (alternativ auch Autodach oder Kofferraum) einrichten, wo man Okularkoffer, Zeichenbrett, Himmelsatlas etc. deponiert.

Vierter Schritt: Astronomische Objekte beobachten

Entfernungsangaben

1 **Astronomische Einheit** (AE) = ca. 150 000 000 km
▶ Entfernung Erde–Sonne

Die AE wird bei Entfernungsangaben im Sonnensystem benutzt. Besser vorstellbar sind die Angaben der Zeit, die das Licht auf dem Weg von den Objekten zu uns braucht. Grundlage für diese Daten ist die Lichtgeschwindigkeit, die von Albert Einstein als Grenzgeschwindigkeit gefunden wurde. Materie und Energie können sich mit keiner größeren Geschwindigkeit bewegen oder fortsetzen. Das Lichtjahr, also die Entfernung, die das Licht in einem Jahr zurücklegt, ist die gebräuchlichste Entfernungsangabe in der Astronomie.

1 **Lichtjahr** = ca. 63000 AE = ca. 9 460 000 000 000 km
▶ Strecke, die das Licht in einem Jahr zurücklegt

Sonne und Mond erscheinen durch Zufall in etwa gleich groß an unserem Himmel. Sie sind trotzdem unterschiedlich entfernt.

	Durchmesser	Entfernung zur Erde	Zeitentfernung zur Erde
Mond	3476 km	384 000 km	1,2s
Sonne	1 390 000 km	150 000 000 km	8,3min

weitere Beispielentfernungen:
nächster Stern: 270 000 AE = 4,3 Lichtjahre
Durchmesser der Milchstraße: 100 000 Lichtjahre
nächste große Galaxie: 2 500 000 Lichtjahre
fernste optisch sichtbare Objekte: 13 000 000 000 Lichtjahre

Helligkeitsangaben

Helligkeiten in der Astronomie werden in einem sehr seltsamen System angegeben, dessen Maßeinheit Größenklasse oder Magnitude genannt wird, geschrieben mit einem hochgestellten ^{m} oder dem Kürzel mag. Dabei gilt: Je

Skalierung der Helligkeitsskala nach ^{m}

Differenz in ^{m}	Helligkeitsunterschied
$0^m\!,5$	1,25×
1^m	2,5×
2^m	6,3×
$2^m\!,5$	10×
5^m	100×
10^m	10 000×

kleiner die Größenklasse, desto heller ist der Stern oder das Objekt. ^{m} ist logarithmisch skaliert, entsprechend der Wahrnehmung des menschlichen Auges. 1^m Differenz bedeutet einen Helligkeitsunterschied von 2,5 (vgl. Tabellen). Ein 13^m-Stern ist also zehntausend mal schwächer als ein 3^m-Stern.

einige Helligkeitsbeispiele:

- -26^m7 Sonne
- -12^m5 Vollmond
- -1^m5 hellster Stern (Sirius)
- 6^m5 schwächste mit bloßem Auge erkennbare Sterne
- 10^m0 schwächste im Fernglas erkennbare Sterne
- 13^m0 schwächste mit einem kleinen Teleskop erkennbare Sterne

Wichtig ist es zu wissen, dass diese Helligkeiten scheinbare Helligkeiten bezeichnen, also nichts über die wirkliche Leuchtkraft des Objektes aussagen. Um diese zu bestimmen, muss man die scheinbare Helligkeit in Relation zur Entfernung des Objektes setzen. Bei gleicher scheinbarer Helligkeit kann ein Objekt nah und leuchtschwach oder weit entfernt und leuchtstark sein.

Für flächenhafte Objekte wie Sternhaufen, Nebel und Galaxien sind Gesamthelligkeiten gegeben. Wenn man die Helligkeit des gesamten sichtbaren Objekts in einem sternförmigen Punkt konzentrieren würde, wären diese Helligkeitswerte erreicht.

Größenangaben

Abstände am Himmel werden in Bogen-Grad (°), -Minuten (') und -Sekunden (") angegeben. 1° entspricht 60' oder 3600". Die gesamte Horizontlinie umfasst 360° Grad, der Abstand vom Himmelspol zum Äquator 90°. Die Scheibe von Sonne und Vollmond misst jeweils ½° oder 30' im Durchmesser, während der Planet Jupiter durchschnittlich 40" klein erscheint.

Für die praktische Himmelsbeobachtung ist es wichtig, den Durchmesser des eigenen Fernrohr-Gesichtsfeldes mit verschiedenen Okularen zu wissen (Berechnung siehe Schritt 3).

Wie groß der einsehbare Himmelsausschnitt im Teleskop bei einer bestimmten Entfernung tatsächlich ist, verdeutlicht etwas die Tiefe des Kosmos.

Planet	minimale Größe	maximale Größe	minimale Helligkeit	maximale Helligkeit
Merkur	5"	13"	3^m0	-1^m2
Venus	10"	64"	-3^m1	-4^m8
Mars	3,5"	25"	2^m0	-2^m9
Jupiter	30"	50"	-1^m2	-2^m5
Saturn*	18/40"	21/47"	1^m4	-0^m3
Uranus	3,6"	4,0"	6^m2	5^m3
Neptun	2,4"	2,5"	8^m0	7^m5

*) Planet/Ring

Entfernung	1 Lichtjahr entspricht	1° entspricht	Sonne hätte Helligkeit	Vergleichsentfernung
5 Lj	11°	0,09 Lichtjahre	0^m7	nächster Stern
50 Lj	1,1°	0,9 Lichtjahre	5^m7	Kapella
500 Lj	6,9'	8,7 Lichtjahre	10^m7	Plejaden
5000 Lj	41"	87,3 Lichtjahre	15^m7	Objekte der Milchstraße
50 000 Lj	4,1"	873 Lichtjahre	20^m7	Kugelsternhaufen
500 000 Lj	0,4"	8728 Lichtjahre	25^m7	–
5 000 000 Lj	0,04"	87275 Lichtjahre	30^m7	nächste Galaxien

Nomenklatur

Der gesamte Himmel ist ohne Lücken in 88 festgelegte und eindeutig begrenzte Sternbilder aufgeteilt. Sternbilder müssen nicht durch helle Sternmuster zu erkennen sein, sondern sind zuerst einfach definierte Flächen am Himmel. Viele der Sternbilder sind mit ihren deutschen Namen bekannt, wie beispielsweise der Fuhrmann oder die Jagdhunde. Offiziell aber gelten nur die lateinischen Bezeichnungen, in diesem Fall Auriga und Canes Venatici. Von diesen Namen gibt es dreiletterige Abkürzungen, die international im Gebrauch sind; der Fuhrmann wird so zu Aur und die Jagdhunde zu CVn.

Viele Sterne tragen Eigennamen, die meist arabischen Ursprungs sind. Beispiele dafür sind Aldebaran, Beteigeuze, Deneb oder Wega. Auf Himmelskarten wird jedoch ein System von Benennungen mit Buchstaben und Zahlen benutzt, das man kennen sollte.

Helle Sterne werden in zweierlei Systeme eingeordnet:

Bayer-Buchstaben: Die hellsten Sterne jedes Sternbilds sind mit kleinen griechischen Buchstaben bezeichnet, die Johann Bayer 1603 in seinem Sternatlas »Uranometria« festgelegt hat. Meistens trägt der hellste Stern eines Sternbilds den Buchstaben α, der zweithellste β usw. Zur vollständigen Bezeichnung wird an den Buchstaben der Genitiv des lateinischen Sternbildnamens angehängt. So heißt zum Beispiel Sirius im Großen Hund auch α Canis Maioris. Normalerweise schreibt man den Genitiv aber nicht aus, sondern benutzt die international übliche Sternbild-Abkürzung, also α CMa.

Flamsteed-Nummern: Der englische Astronom John Flamsteed gab allen mit bloßem Auge sichtbaren Sternen eines Sternbilds in der Reihenfolge von Westen nach Osten Nummern. Diese Nummern werden ebenfalls mit dem Genitiv des lateinischen Sternbildnamens oder der Abkürzung versehen. So heißt zum Beispiel Sirius auch 9 CMa. Wenn der Stern aber schon einen Bayer-Buchstaben besitzt, wird dieser vorgezogen.

Auch Deep-Sky-Objekte tragen verschiedene Bezeichnungen, die wichtigsten sind:

Messier-Katalog: 1781 veröffentlichte der französische Astronom Charles Messier eine Liste von neblig erscheinenden Objekten, die in damals üblichen Fernrohren sichtbar waren. Messiers Ziel war es eigentlich, Verwechslungen mit schwachen unentdeckten Kometen zu vermeiden. Diese Liste, abgekürzt durch den Buchstaben M, besteht aus 110 Objekten und umfasst fast alle hellen und lohnenswerten Objekte für mitteleuropäische Beobachter. Als Beispiel seien der Orionnebel genannt, M 42 (sprich »Em Zweiundvierzig«), und die Andromedagalaxie, M 31.

NGC-Katalog: 1888 erschien vom dänischen Astronomen Johann Dreyer eine Zusammenstellung aller bis dahin bekannten Deep-Sky-Objekte, der »New General Catalogue«. So heißt der Orionnebel auch NGC 1976. Wenn das Deep-Sky-Objekt aber schon eine Messier-Nummer besitzt, wird diese benutzt.

Das Sonnensystem

Das Sonnensystem besteht aus 8 großen Planeten, ca. 170 Monden, einem Dutzend Zwergplaneten, mehr als 300000 kleinen Planeten (Asteroiden) und ebenso vielen Kometen und weiteren Kleinkörpern. Über 99% seiner Masse enthält der Zentralkörper, die Sonne. Um sich die Dimensionen im Planetensystem besser vorzustellen, kann man sich ein Modell basteln oder zumindest vorstellen. Geeignet ist ein Maßstab von eins zu einer Milliarde. Die Sonne ist dann ein Ball mit 1,4m Durchmesser, die Erde hat nur 1,3cm! Bis zum entferntesten Planeten sind es aber fast 5 km!

Es gibt zahlreiche solcher Modelle, die als »Planetenweg« tatsächlich realisiert worden sind. Es ist sehr lehrreich, auf diese Art und Weise das Sonnensystem mit den eigenen Füßen zu erlaufen.

Die Großen Planeten und der Mond im Vergleich (mittlere Entfernung von der Sonne und kleinste mögliche Entfernung von der Erde).

Planet	Entfernung Sonne	Entfernung Sonne	Entfernung Erde	Entfernung Erde	Entfernung Erde
Merkur	0,38AE	58 Mio. km	0,52AE	77 Mio. km	4,3min
Venus	0,72AE	108 Mio. km	0,26AE	38 Mio. km	2,1min
Erde	1,00AE	150 Mio. km	–	–	–
Erdmond	1,00AE	150 Mio. km	0,025AE	0,38 Mio. km	1,3s
Mars	1,52AE	228 Mio. km	0,36AE	54 Mio. km	3,0min
Jupiter	5,2AE	778 Mio. km	3,9AE	588 Mio. km	33min
Saturn	9,5AE	1429 Mio. km	8,0AE	1195 Mio. km	1h 6min
Uranus	19,2AE	2871 Mio. km	17,3AE	2582 Mio. km	2h 23min
Neptun	30,0AE	4504 Mio. km	28,8AE	4306 Mio. km	3h 59min

Modell des Sonnensystems im Maßstab 1 : 1 000 000 000

Planet	Merkur	Venus	Erde	Mars	Jupiter	Saturn	Uranus	Neptun
Entfernung	58m	108m	150m	228m	778m	1,4 km	2,9km	4,5km

Mond

Entfernung von der Erde:
356300–406700 km (im Mittel 384000 km)

Größe:
3476 km (0,25× Erde), scheinbarer Durchmesser: 29,8'–34,1'

Der Mond ist der nächste Himmelskörper für uns Erdenbewohner und etwa ein Viertel so groß wie unser Planet. Er umkreist die Erde einmal in 27,32 Tagen und dreht sich in exakt der selben Zeit auch einmal um seine Achse, so dass wir immer nur eine Seite des Mondes sehen.

Die Rückseite des Mondes wurde erst 1957 von Raumsonden zum ersten Mal fotografiert.

Der Mond besitzt keine Atmosphäre, die großen Oberflächen-Formungsprozesse sind seit vielen Millionen Jahren abgeschlossen. Das kennzeichnende Merkmal für den Mond sind Einschlagskrater von Meteoriten, die wegen der sehr langsamen Erosion auch nach langer Zeit gut erhalten sind. Daneben gibt es große Lavaebenen in den tieferen Bereichen, »Mare« (Meer) genannt, und stark verkraterte höher gelegene Gebiete, die als »Terra« (Land) bezeichnet werden.

Die Mondkrater tragen Namen berühmter Astronomen und anderer Forscher, während die Mare nach Eigenschaften der menschlichen

Die Mondphasen

Phase	Neumond	Erstes Viertel	Vollmond	Letztes Viertel	Neumond
Beleuchtung	○	◐	●	◑	○
Mondalter	0 Tage	7,4 Tage	14,8 Tage	22,2 Tage	29,5 Tage
Aufgang	morgens	mittags	abends	mitternacht	morgens
steht am höchsten	mittags	abends	mitternacht	morgens	mittags
Untergang	abends	mitternacht	morgens	mittags	abends

Abb. 4-1: Eine Lunation, also ein voller Durchlauf der Mondphasen, beginnt mit einer schmalen Sichel am Abendhimmel (links). Nach etwa 2 Wochen ist der Vollmond erreicht. Nach fast 30 Tagen verschwindet die abnehmende Mondsichel am Morgenhimmel (rechts), bevor mit dem nächsten Neumond die Serie erneut beginnt.

Seele benannt sind. Schließlich sind die großen Gebirgszüge nach irdischen Gebirgen benannt.

Der Mond ist das mit Abstand beeindruckendste Ziel für Fernrohrbeobachter, da er der einzige Himmelskörper ist, auf dem wir direkt außerirdische Landschaften betrachten können. Im Ansatz reicht dazu schon ein Fernglas aus, aber erst ein stabil montiertes Teleskop mit 50× Vergrößerung zeigt das imponierende Bild der Mondberge und -täler. Bei etwa 80× Vergrößerung verliert man den ganzen Mond aus dem Gesichtsfeld, bei gutem Seeing lohnen sich Detailstudien bei Vergrößerungen von 150× und mehr.

Zu Neumond steht der Erdtrabant in Sonnennähe am Taghimmel und ist unbeobachtbar. Einige Tage danach ist die schmale Sichel des zunehmenden Mondes am Abendhimmel im Westen sichtbar. Auffallend ist das dunkle runde Mare Crisium, das nun sichtbar ist. Die dunkle Mondseite ist vom matt bläulichen Widerschein der Erde beleuchtet (»aschgraues Erdlicht«). Zu Halbmond ist die beste Gelegenheit zur Mondbeobachtung, da die Schattengrenze (lat. »Terminator«) mitten über die Mondkugel läuft. Die Mareebenen des Ostens sind jetzt gut zu sehen, dazu die auffällige Dreierformation der Krater Theophilus, Cyrillius und Katharina. Im Norden kommen die Mondalpen mit dem berühmten Alpental ins Blickfeld. Wenige Tage später sind auch die Mondapenninen sichtbar, und die Regenbogenbucht im Juragebirge bildet den »goldenen Henkel« vor dem noch dunklen Mondteil. Südlich des Mondkaukasus befindet sich der große Krater Copernicus, einer der majestätischsten des Mondes. Einige Tage später ist die gerade Wand, auch »Schwert im Monde« genannt, als länglicher dunkler Strich zu sehen; es handelt sich aber nur um eine harmlose Geländeböschung. Wenige Tage vor Vollmond wird der Krater Aristarchus beleuchtet. Neben ihm tritt das Schrötertal, eine seltsam gewundene Mondrille, zum Vorschein. Bei Vollmond selbst ist der Mond ein wenig dankbares Beobachtungsobjekt, weil keine Schatten mehr sichtbar sind und alle Gebirge und Krater verschwinden. Dafür ist jetzt der Strahlenkranz des Tycho auf der Südhalbkugel zu sehen; hier sieht man das Auswurfmaterial dieses relativ jungen Einschlages über den halben Mond verstreut.

Abb. 4-2: Die Mondlandschaften sind bei Halbmond am beeindruckendsten zu sehen, da dann der Schattenwurf deutliche Reliefs zeichnet.

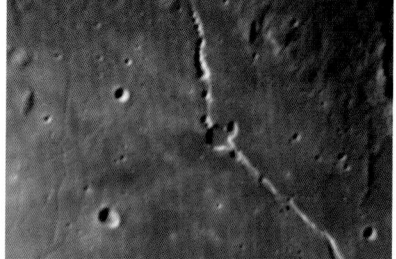

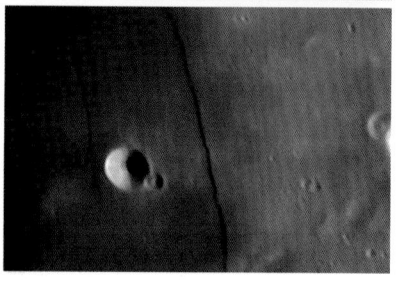

Abb. 4-3: Die wichtigsten Meere, Gebirge und Krater auf dem Mond.

Abb. 4-4: Landschaften auf dem Mond: Der Krater Theophilus (oben), die Hyginus-Rille (Mitte) und die Verwerfung Rupes Recta (unten).

Mondfinsternisse

Eine Verfinsterung des Mondes tritt dann ein, wenn Sonne, Erde und Mond genau auf einer Linie stehen. Der Mond wandert dann bei Vollmond in den Schattenkegel der Erde, so dass ihn kein Sonnenlicht mehr erreichen kann.

Da die Mondbahn um die Erde gegen die Erdbahn um die Sonne leicht geneigt ist, kommt es nicht bei jedem Vollmond zu einer Verfinsterung des Mondes. Eine Finsternis kann nur dann eintreten, wenn die Kreuzungspunkte beider Bahnebenen, die Bahnknoten, mit dem Ort des Vollmonds übereinstimmen. Dies ist etwa ein bis zwei Mal im Jahr der Fall. Wir können aber nur solche Finsternisse auch tatsächlich sehen, bei denen der Mond bei uns über dem Horizont steht.

Tritt der Mond komplett in den Erdschatten ein, spricht man von einer totalen Mondfinsternis, streift er den Schatten nur, kommt es zu einer partiellen Mondfinsternis. Jeder totalen Finsternis geht eine partielle Phase voran bzw. folgt ihr nach.

Eine totale Mondfinsternis dauert vom ersten Kontakt mit dem Schatten bis zum kompletten Austritt des Mondes aus dem Schatten einige Stunden. Dabei verschwindet der Mond nicht ganz, sondern nimmt eine rötliche Färbung an, die durch aus der Erdatmosphäre in den Erdschatten gestreutes Licht zustande kommt.

Eine Tabelle der nächsten Mondfinsternisse ist im Anhang enthalten.

Abb. 4-5: Eine totale Mondfinsternis.

■ Sonne

Entfernung von der Erde:
150 Mio. km (8 Lichtminuten)

Größe:
1,4 Mio. km (110× Erde), scheinbarer Durchmesser: 31,5'–32,5'

Die Sonne ist ein Stern. Er bildet den Hauptkörper unseres Planetensystems, das deshalb auch Sonnensystem heißt. 330 000 Erdmassen ist die Sonne schwer, ihr Durchmesser entspricht 110 Erddurchmessern.

Das kennzeichnende Merkmal der Stern-Natur der Sonne ist die eigene Energieproduktion durch Kernfusion im Zentrum. Dabei werden Wasserstoffatome zu Heliumkernen verschmolzen, wobei Energie frei wird. Die Sonne ist ein recht durchschnittlicher Stern, was Größe, Masse und Leuchtkraft betrifft. Sie strahlt bereits 5 Milliarden Jahre, und etwa ebenso lang wird ihr Energievorrat noch ausreichen.

Die Sonne ist einem Aktivitätszyklus unterworfen – nach diesem Zyklus verändert sich die Anzahl und Intensität von bestimmten Erscheinungen der Sonne. Dieser Aktivitätswechsel wird durch das Magnetfeld der Sonne bestimmt, das alle 11 Jahre seine Polarität umkehrt. Dadurch variiert das Auftreten von Sonnenflecken, Sonnenfackeln, Gasausbrüchen – sogenannte Protuberanzen – und, damit zusammenhängend, Polarlichterscheinungen auf der Erde mit einer Periode von etwa 11 Jahren.

Die dunklen Sonnenflecken sind um etwa 1000° kühlere Stellen auf der Sonnenoberfläche, die auch als Photosphäre bezeichnet wird. Hier treten Magnetfeldlinien dicht gebündelt aus. Sonnen-

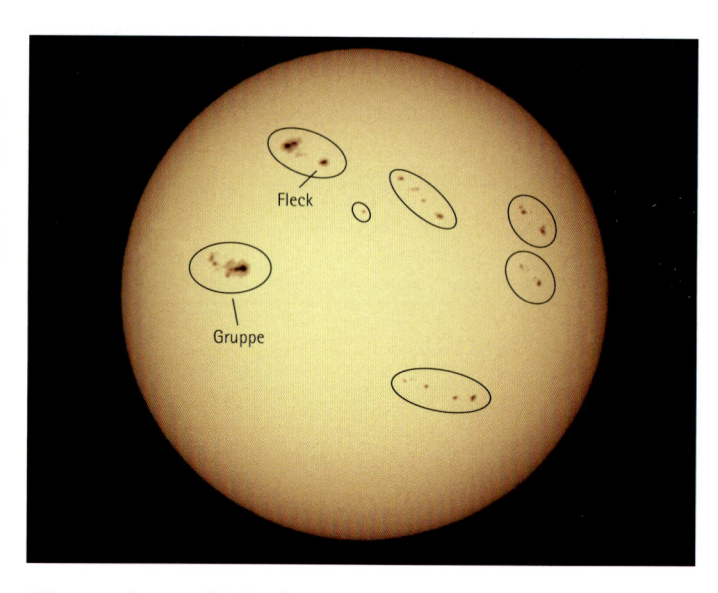

Abb. 4-6: Gesamtbild der Sonne. Die dunklen Sonnenflecken können in Gruppen eingeteilt werden. Durch Zählung der Anzahl der Gruppen und Flecken kann die Sonnenaktiviät bestimmt werden.

flecken verändern sich stündlich und existieren von einigen Stunden bis zu mehreren Monaten. Die Sonnenflecken treten gehäuft in Gruppen auf. Oft wird eine Gruppe von einem großen Fleck dominiert, oder zwei größere Flecken stehen jeweils am Rand der gemeinsamen Gruppe.

Protuberanzen werden die rötlich schimmernden Gasausbrüche genannt. Sie gehören einer anderen Schicht der Sonnenatmosphäre als die Sonnenflecken an, der Chromosphäre, die nur mit H-alpha-Filtern sichtbar gemacht werden kann. Die Protuberanzen sind dann auch vor der Sonnenscheibe als dunkle sogenannte Filamente sichtbar. Sie können sich innerhalb kurzer Zeit deutlich verändern.

Die Sonnenoberfläche bietet jeden Tag ein neues, einmaliges Bild, das nicht wiederkehrt – deshalb gehört sie zu den spannendsten Beobachtungszielen überhaupt. Schon bei kleiner Vergrößerung – zum Teil schon mit bloßem Auge – auffällig sind die dunklen Sonnenflecken. Während es im Minimum des Sonnenfleckenzyklus vorkommen kann, dass nur wenige oder gar keine Sonnenflecke sichtbar sind, erscheint die Sonnenscheibe zur Zeit des Sonnenfleckenmaximums geradezu gesprenkelt von dunklen Stellen. Das letzte Maximum trat 2000 ein, das nächste ist also für etwa 2011 zu erwarten.

Um die aktuelle Sonnenaktivität abzuschätzen, kann man die sogenannte Relativzahl bestimmen, die als Index für die mit einem Fernrohr sichtbare Aktivität entwickelt worden ist. Dabei zählt man die Anzahl der Fleckengruppen G, und die Anzahl der Flecken F in diesen Gruppen.

Relativzahl = 10 × Anzahl der Gruppen
  + Anzahl der Flecken in allen Gruppen

Beispiel: Eine Zählung der Sonnenflecken ergibt 58 Flecken, die in 7 Gruppen angeordnet sind, R = 10 × 7 + 58 = 128.

Bei vielen Flecken erfordert es einige Übung, die Gruppen genau abzugrenzen. Bestimmt man die Relativzahl über längere Zeit und trägt ihren Verlauf auf, wird man einen Trend der Aktivität feststellen können. Die Sonnenflecken-Zählungen gehören zu den beliebtesten Projekten von Sternfreunden überhaupt, mit einem großen Vorteil für den Beobachter: Man kann tagsüber beobachten!

Bei mittlerer Vergrößerung erkennt man, dass sich die größeren Sonnenflecken in zwei Bereiche unterteilen lassen: einen dunkleren Kern, die sogenannte Umbra, und einen helleren Hof, die Penumbra. Beide Gebiete sind im Feindetail schnell veränderlich – schon nach einem Tag sieht ein Sonnenfleck ganz anders aus. Es ist sehr spannend, bei anhaltend gutem Wetter diese Veränderungen und auch die langsame Rotation der Flecken über die Sonnenscheibe in etwa 14 Tagen zu beobachten. Manchmal erscheinen die Flecken dann wieder, nachdem sie zwei Wochen auf der uns abgewandten Sonnenseite gewesen sind.

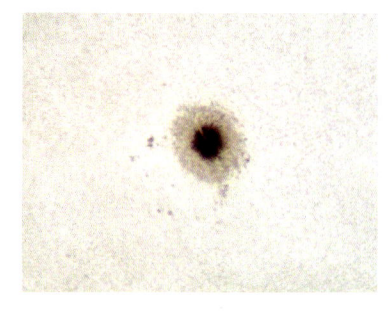

Abb. 4-7: Größere Sonnenflecken zeigen einen dunklen Kern (Umbra) und einen hellen Hof (Penumbra).

SICHERHEITS-REGELN zur SONNENBEOBACHTUNG

1. Filter vor jeder Benutzung prüfen
2. Sucherfernrohr abdecken
3. sicherstellen, dass der Filter fest auf dem Teleskop sitzt
4. Teleskop am eigenen Schatten ausrichten
5. vor Entfernen des Filters Teleskop aus der Sonne drehen
6. Teleskop niemals unbeaufsichtigt lassen

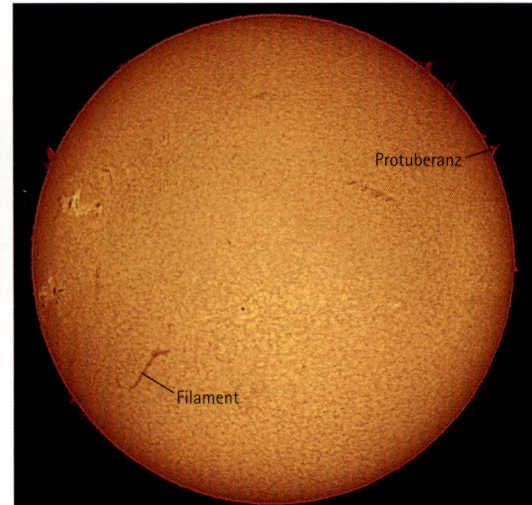

Abb. 4-8: Die Sonne im Weißlicht der Photospäre (links) und im H-alpha-Licht der Chromosphäre (rechts). Während mit dem normalen Sonnenfilter nur Sonnenflecken zu sehen sind, zeigt der H-alpha-Filter zur gleichen Zeit auch Protuberanzen (am Rand) und Filamente. Ganz selten können auch helle Ausbrüche im H-alpha-Licht beobachtet werden, die sogenannten Flares.

Abb. 4-9: Protuberanzen können innerhalb von kürzester Zeit aufsteigen und ihre Form verändern - wie hier am 2.3.2002 innerhalb von weniger als zwei Stunden. Dieser Ausbruch erreichte später eine Höhe von einer Million Kilometern über der Sonnenoberfläche.

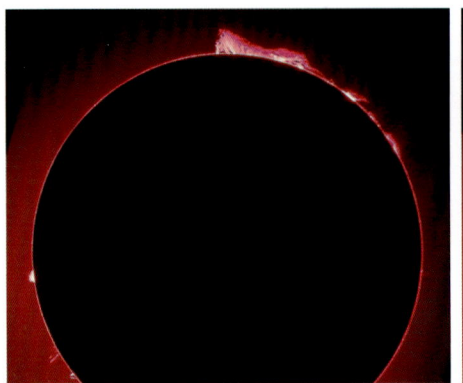

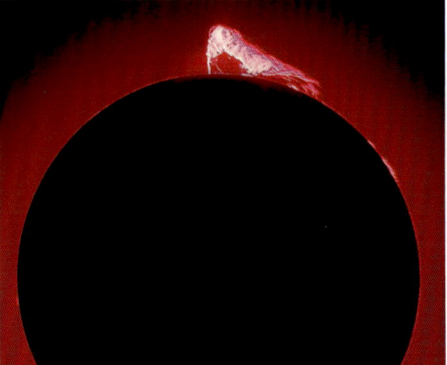

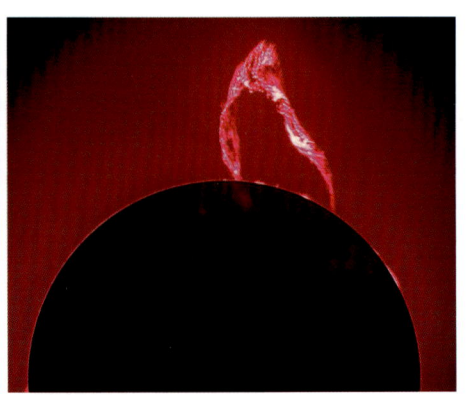

Sonnenfinsternisse

Eine Verfinsterung der Sonne tritt dann ein, wenn Sonne, Mond und Erde genau auf einer Linie stehen. Die Erde wandert dann bei Neumond in den Schattenkegel des Mondes. Allerdings ist der Schattenkegel des Mondes so klein, das nur seine Spitze die Erdoberfläche erreichen kann.

Aus dem selben Grund wie bei einer Mondfinsternis kommt es nicht bei jedem Neumond zu einer Sonnenfinsternis. Etwa zwei Mal im Jahr sind die Bedingungen jedoch erfüllt. Wir können aber nur solche Finsternisse auch tatsächlich sehen, bei denen der Schatten des Mondes unseren Teil der Erde trifft.

Wird die Sonne komplett vom Mond bedeckt, gibt es eine totale Sonnenfinsternis. Diese nur wenige Minuten dauernde Nacht mitten am Tag ist eines der beeindruckendsten Naturschauspiele überhaupt, aber auch nur in einem eng begrenzten Gebiet zu sehen, dem maximal 300km breiten Finsternispfad. Außerhalb davon kommt es nur zu einer partiellen Sonnenfinsternis, bei der nicht die gesamte Sonnenscheibe abgedunkelt wird. Bei Sonnenfinsternissen wird zur Beobachtung unbedingt ein Sonnenfilter benötigt. Dieser muss nur in den wenigen Minuten der Totalität abgenommen werden.

Während einer totalen Finsternis kann man die Protuberanzen am Sonnenrand auch ohne H-alpha-Filter sehen. Außerdem wird die Korona sichtbar, ein heller Strahlenkranz, der die Sonne umgibt.

Eine Tabelle der nächsten Sonnenfinsternisse ist im Anhang enthalten.

Abb. 4-10: Eine totale Sonnenfinsternis.

■ Merkur

Entfernung:
58 Mio. km von der Sonne, minimal 77 Mio. km von der Erde

Größe:
4879 km (0,38× Erde), scheinbarer Durchmesser: 4,8"–13,3"

Merkur ist der sonnennächste und kleinste Planet. Er bewegt sich in nur 88 Tagen um die Sonne, weil sich aber die Erde in derselben Zeit in derselben Richtung ebenfalls bewegt, liegen etwa 116 Tage zwischen zwei Sonnenkonjunktionen Merkurs.
Im Teleskop kann der Planet nur dann beobachtet werden, wenn er seinen größten Sonnenabstand, die sog. Elongation, erreicht. Optimale Beobachtungsbedingungen gibt es im Frühjahr am Abendhimmel und im Herbst am Morgenhimmel. Meist bleiben nur wenige Tage, um den schnellen Planeten zu sehen.
Da wir Merkur von einer Position außerhalb seiner Bahn betrachten, können wir auch auf seine unbeleuchtete Seite sehen - es zeigen sich Phasen wie beim Mond. Zur Zeit der größten Elongationen ist jeweils etwa die Hälfte des Planetenscheibchens beleuchtet.

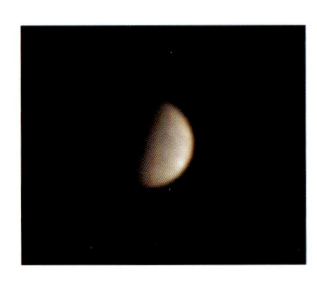

Abb. 4-11: Einzelheiten auf Merkurs wüstenhafter und von Kratern überzogenen Oberfläche sind nur sehr selten zu sehen. Meist verhindert schlechtes Seeing jede Detailwahrnehmung bis auf die Phasengestalt.

Abb. 4-12: Merkur ist immer nur in der Dämmerung kurz nach Sonnenuntergang abends (im Frühjahr) oder kurz vor Sonnenaufgang morgens (im Herbst) zu sehen. Diese Sichtbarkeiten dauern nur wenige Tage, denn der Planet bewegt sich sehr schnell von Abend zu Abend und verschwindet bald wieder im Glanz der Sonne.

Venus

Entfernung:
108 Mio. km von der Sonne, minimal 40 Mio. km von der Erde

Größe:
12104 km (0,9× Erde), scheinbarer Durchmesser: 9,6"–64,3"

Die Venus ist der innere Nachbarplanet der Erde und etwas kleiner als unser Planet. Sie ist von einer dichten Wolkendecke umgeben, die jeden Blick auf ihre feste Oberfläche verhindert. Erst Raumsonden, die auf dem Planeten gelandet sind, zeigten uns Bilder einer toten heißen Welt in einer Schwefelsäure-Atmosphäre. 475°C an der Oberfläche und ein Druck, der den irdischen um das 90-fache übertrifft, ließen die Sonden allerdings nur kurz überleben, bevor sie zerquetscht wurden oder schmolzen. Grund für diese höllenartigen Bedingungen ist ein starker Treibhauseffekt, der die Sonnenenergie auf dem Planeten gefangen hält. Der Name der Göttin der Liebe passt also weniger.

Venus benötigt für einen Umlauf um die Sonne 225 Tage (Venusjahr), die Drehung um die eigene Achse geschieht aber rückwärts in 243 Tagen, womit der Venustag etwa 116 Erdtage lang dauert.

Da Venus sich innerhalb der Erdbahn bewegt, können wir sie nie der Sonne gegenüber am Nachthimmel sehen, sondern immer nur in deren Nähe am Abend- oder Morgenhimmel. Venus wird deswegen auch als Abend- oder Morgenstern bezeichnet. Den größten scheinbaren Abstand, den die Venus zur Sonne erreichen kann, nennt man Elongation; er kann bis 48° betragen. Die Venus ist dann als Halbvenus bzw. Sichel im Fernrohr zu sehen. Bei der

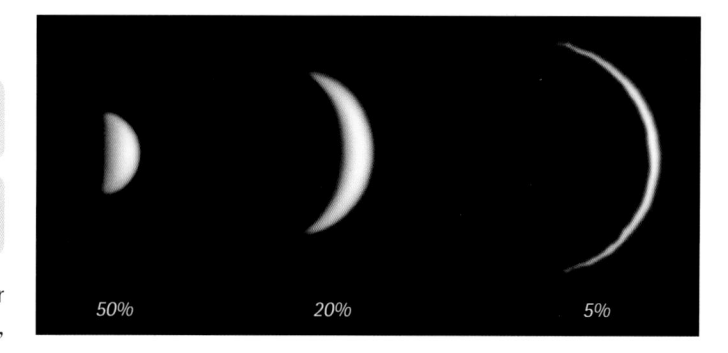

Abb. 4-13: Venus im Fernrohr in drei verschiedenen Phasengestalten.

unteren Konjunktion geht die Venus zwischen Sonne und Erde hindurch (»Neuvenus«), bei der oberen Konjunktion steht sie hinter der Sonne (»Vollvenus«), zu beiden Zeitpunkten ist sie in der Regel unbeobachtbar.

Es ist spannend, die Veränderung der Phasengestalt im Teleskop zu verfolgen. Venus ist sehr hell, zur Beobachtung ist ein Dämpfglas (Neutralfilter) nützlich. Alternativ kann man die Venus auch am Tag beobachten; Vorraussetzung ist ein parallaktisch aufgestelltes Fernrohr mit Teilkreisen, so dass man den Ort der Venus mit der Differenzkoordinatenmethode (siehe Schritt 3) relativ zur Sonne einstellen kann.

Die Venuswolken zeigen nur leichte Grauschleier, die schwer zu verfolgen sind. Ab und zu sind die übergreifenden Hörnerspitzen zu sehen: An den Sichelenden scheint die Phasengestalt länger als rechnerisch möglich verlängert zu sein, was auf die Brechkraft der Venusatmosphäre zurückzuführen ist.

Mars

Entfernung:
228 Mio. km zur Sonne, minimal 56 Mio. km zur Erde

Größe:
6794 km (0,5× Erde), scheinbarer Durchmesser: 3,5"–25,2"

Mars ist der äußere Nachbarplanet der Erde. Er ist etwa halb so groß wie unser Planet und war lange Zeit das erste Ziel für das Studium einer anderen Welt. Bis in die 1960er Jahre glaubte man, dass auf seiner Oberfläche Leben existieren könnte, doch die Raumsonden Viking und Pathfinder, die auf dem Planeten gelandet sind, haben uns einen rötlichen Wüstenplanet gezeigt. Die charakteristische Farbe rührt von Eisenoxidverbindungen (Rost) seines Bodens her. Mars benötigt 687 Tage für einen Sonnenumlauf (Marsjahr), er dreht sich in 24h 37min einmal um seine Achse (Marstag).

Der Planet mit seiner roten Farbe ist seit alters her in vielen Kulturen das Symbol für Krieg und Verwüstung, er trägt wie die anderen Planeten den Namen des entsprechenden römischen Gottes Mars ist wesentlich schwieriger zu beobachten als Venus, Jupiter und Saturn. Er erreicht die günstigste Beobachtungsstellung alle 2,1 Jahre, wenn der Planet in Opposition zur Sonne steht und die ganze Nacht über beobachtet werden kann. Dabei sind aber ungünstige Stellungen, wo das Planetenscheibchen sehr klein bleibt, zu unterscheiden von günstigen Oppositionen, wo zwar das Planetenscheibchen im Fernrohrokular recht groß wird, aber der Planet eine tiefe Position am Himmel einnimmt und deshalb die Luftunruhe stört. Die nächste Opposition tritt im März 2012 ein. Aber auch dann wird das Marsscheibchen nur etwa ein Drittel so groß wie Jupiter im Teleskop erscheinen.

Im Fernrohr ist zunächst nur ein oranges Scheibchen zu sehen. Hohe bis sehr hohe Vergrößerungen sind notwendig, um die Chance zu haben, Einzelheiten sehen zu können. Am auffälligsten sind – zur richtigen Mars-Jahreszeit beobachtet – die Polkappen. Je nachdem, welcher Pol des Mars der Erde zugewandt ist, ist die Süd- oder Nordpolkappe als heller weißer kleiner Fleck zu sehen. Bei regelmäßiger Beobachtung kann man auch das Abschmelzen jener verfolgen.

Zur Wahrnehmung der Einzelheiten auf der Marsoberfläche gehört viel Übung und Geduld. Zwar sind die Flecken dunkler und kontrastreicher als die Details auf anderen Planeten, aber

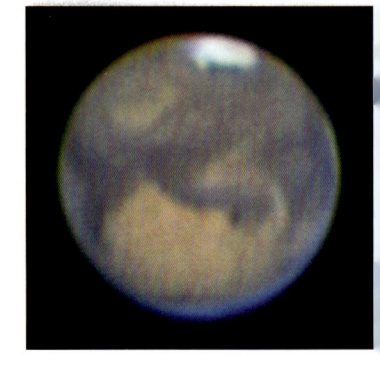

Abb. 4-14: Mars mit Polkappe und dunklen Strukturen (Webcam).

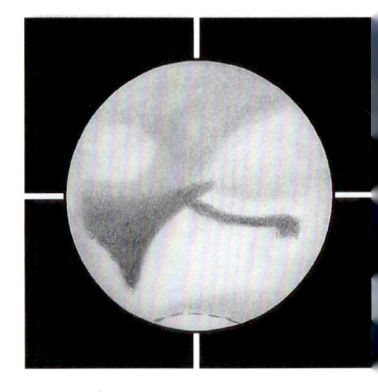

Abb. 4-15: Marszeichnung an einem 114/900mm-Newton.

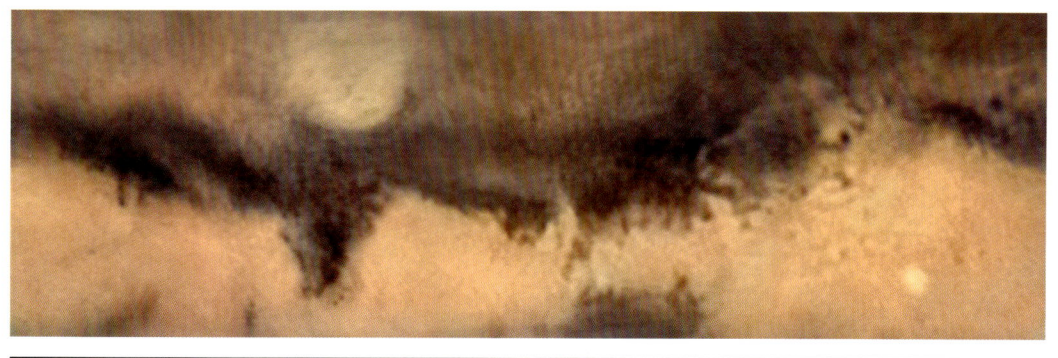

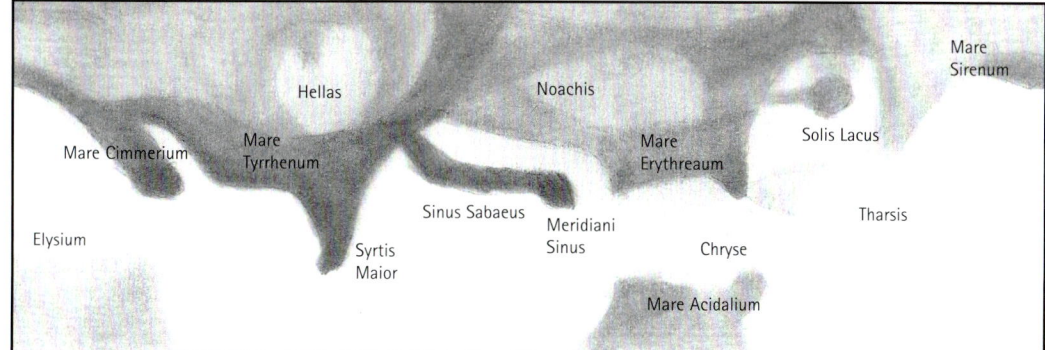

auch wesentlich kleiner und deshalb schwieriger zu sehen. Am einfachsten ist noch die »Große Syrte« zu sehen, ein dunkles spitz zulaufendes dreieckiges Areal. Ein Orangefilter bringt diese dunklen Albedostrukturen optimal zur Geltung.

Abb 4-16: Zwei Marskarten. Fotografisch gewonnene Karte der Opposition 2005 (oben) und visuelle Karte der Opposition 2003, gewonnen mit 90mm Öffnung (unten).

Jupiter

Entfernung:
778 Mio. km Sonne, 588 Mio. km Erde minimal

Größe:
143 000 km (11,2× Erde), scheinbarer Durchmesser: 30,5"–50,1"

Jupiter ist der größte Planet des Sonnensystems, die Erdkugel würde 11× in seinen Durchmesser passen. Wie die anderen Riesenplaneten Saturn, Uranus und Neptun auch besitzt er keine feste Oberfläche, sondern ein tief reichendes Wolkensystem, dessen oberste Spitzen wir beobachten können. Jupiter, der lateinische Name für den Göttervater Zeus, benötigt 11,8 Jahre für einen Umlauf um die Sonne (Jupiterjahr). Aufgrund seiner schnellen Rotation von nur 9h 55min (Jupitertag) wirken starke Kräfte in seiner Atmosphäre, deren Dynamik von der Erde gut zu beobachten ist.

Jupiter ist der am leichtesten zu beobachtende Planet, er ist auch in kleinen Fernrohren ein gutes Beobachtungsobjekt. Schon bei kleiner Vergrößerung sieht man deutlich, dass der Planet flächenhaft aussieht. Das Planetenscheibchen erscheint nicht exakt kreisförmig, sondern oval abgeplattet.

Im Fernrohr sieht man vier kleine »Sternchen«, die entlang einer Kette um den Planeten aufgereiht erscheinen. Das sind die vier hellsten Monde des Jupiter, Io (sprich »I-o«), Europa, Ganymed und Kallisto, nach ihrem Entdecker auch als Galileische Monde bezeichnet. Es können manchmal auch nur drei oder zwei Monde sichtbar sein, je nachdem ob gerade einer von ihnen vor oder hinter dem Planeten selbst steht. Wir blicken von der Seite auf

Abb. 4-17: Jupiter im Fernrohr bei niedriger Vergrößerung mit seinen vier Monden Io (I), Europa (II), Ganymed (III) und Kallisto (IV).

dieses Mondsystem, dessen Anblick jeden Abend anders erscheint. Wenn man genau beobachtet, kann man die Bewegungen der Monde schon nach einigen Stunden sehen, besonders wenn zwei davon nahe beieinander stehen.

Der Planet selbst zeigt bei Vergrößerungen ab 50× zwei dunkle Wolkenstreifen, das sogenannte Südliche und Nördliche Äquatorialband (SEB und NEB). Wenn man höher vergrößert, sieht man,

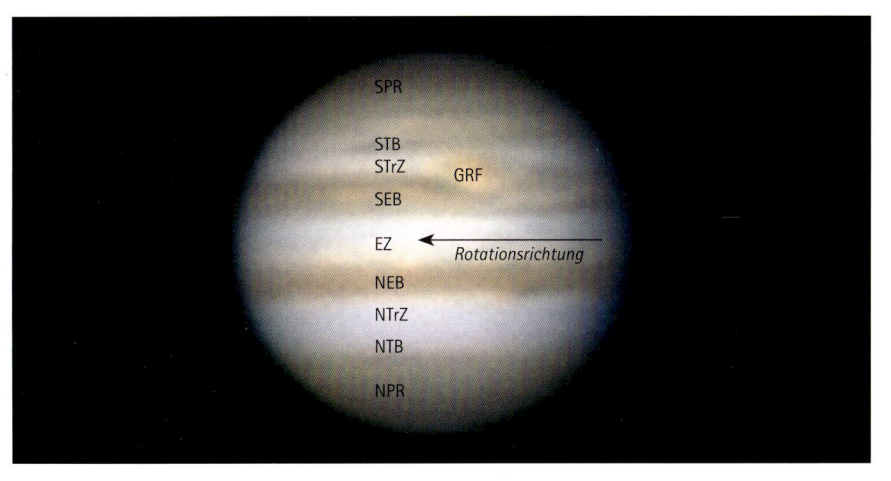

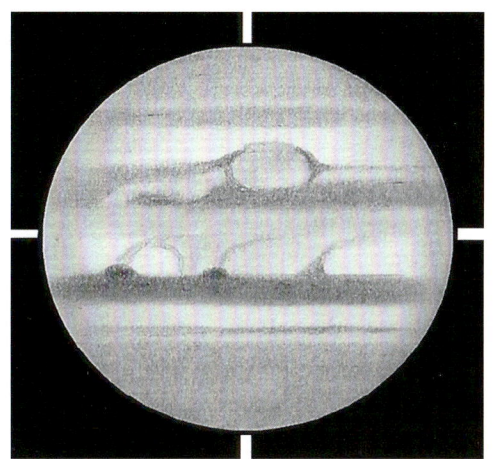

Abb. 4-18: Jupiter bei höherer Vergrößerung mit dunklen Bändern, hellen Zonen und dem Großen Roten Fleck (GRF).

Abb. 4-19: Jupiterzeichnung an einem 114/900mm-Newton.

dass das SEB breiter und diffuser als das NEB erscheint, und kann weitere Bänder erkennen. Die hellen Bereiche zwischen den Bändern werden Zonen genannt. Besonders in den an das NEB angrenzenden Zonen sind öfters auch in kleinen Teleskopen dunkle Flecken zu sehen, dazu sind aber gutes Seeing und Vergrößerungen ab 100× notwendig. Wenn man diese Flecken festhalten und über mehrere Stunden verfolgen kann, wird man die Rotation (9h 55min) des Riesenplaneten bemerken.

Berühmt ist der Große Rote Fleck (GRF), der in eine helle Bucht im Südteil des SEB eingelassen ist. Er ist nicht immer gleich auffällig und manchmal ein einfaches, manchmal ein sehr schwieriges Beobachtungsobjekt. Seine Verfolgung ist ein sehr interessantes Beobachtungsprojekt, das einige Beobachtungserfahrung erfordert.

Saturn

Entfernung:
1,4 Mrd. km zur Sonne, 1,2 Mrd. km zur Erde (minimal)

Größe:
120 000 km (9,4× Erde), Ring 136 000 km, scheinbar 18,9"–20,8"

Saturn ist der zweitgrößte Riesenplanet und etwa doppelt so weit von der Sonne entfernt wie Jupiter. Er ist in der Äquatorebene von einem Ring aus Eisbrocken umgeben, der 300 000 km groß, aber nur 20 km dick ist. Seine Umlaufzeit um die Sonne beträgt 29,5 Jahre (Saturnjahr), in 10h 38min (Saturntag) dreht er sich einmal um seine Achse. Die große Sonnenentfernung bedingt eine geringere Energieeinstrahlung in die Atmosphäre, die deswegen nicht so turbulent wie diejenige Jupiters strukturiert ist.

Der Ringplanet ist ein äußerst schönes Beobachtungsobjekt. Schon im kleinen Fernrohr bei 50× sieht man den Ring, der bei 100× mit etwas Übung beeindruckend dreidimensional den Planeten umrundet. Dabei machen Schatteneffekte die Szenerie besonders plastisch.

Mit einem 60mm-Fernrohr ist zu erkennen, dass der Ring aus einem dunkleren äußeren Bereich (Ring A) und einem helleren inneren Bereich (Ring B) zusammengesetzt ist. Mit wenig mehr

Abb. 4-20: Saturn bei großer Ringöffnung.

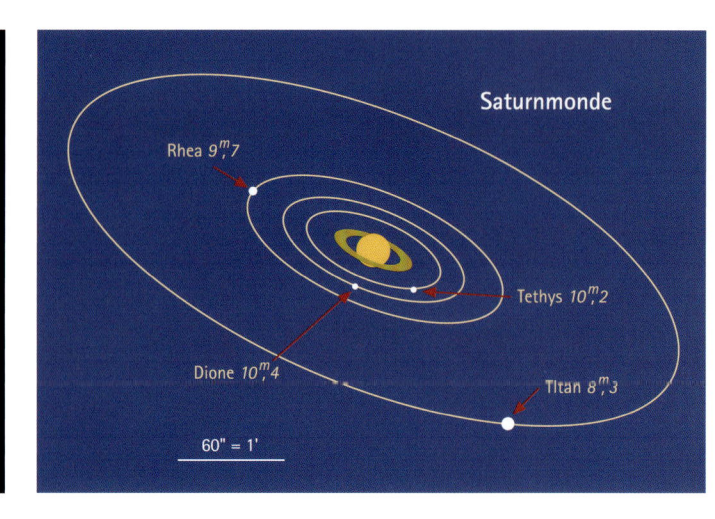

Abb. 4-21: Umlaufbahnen der Saturnmonde.

Öffnung sieht man die dunkle Trennlinie zwischen beiden Ringen, die Cassinische Teilung. Innerhalb des B-Rings schließt sich noch der C-Ring an, der aber nur in größeren Fernrohren zu sehen ist – am leichtesten dort, wo er vor dem Planeten vorbeigeht und einen dunklen Saum bildet.

Durch die Neigung der Saturnachse von 26,7° sehen wir nicht immer im gleichen Winkel auf die Saturnringe. Im Jahr 2003 blickten wir auf die Südseite der mit 28° maximal geöffneten Ringe, 2009 sahen wir sie direkt von der Seite (wobei der Planet ohne Ringe erscheint), und 2017 werden wir die maximal geöffnete Nordseite der Ringe beobachten können.

Auf dem Planeten selbst ist im Fernrohr zwar ein dunkles Äquatorband zu sehen (wie auf Jupiter, aber nur eines je nach Neigung), Flecke fehlen jedoch fast völlig. Der hellste Mond des Saturn, Titan, ist so groß wie der Planet Merkur und mit $8^m\!.3$ Helligkeit schon im kleinen Fernrohr zu sehen. Mit 150mm Öffnung erkennt man noch die schwächeren Monde Rhea ($9^m\!.7$), Tethys ($10^m\!.2$) und Dione ($10^m\!.4$). Sie bewegen sich auf Ellipsenbahnen, deren Form dem Ring gleicht, um den Planeten.

Abb. 4-22: Veränderung der Ringstellung des Saturn aus Sicht der Erde während eines Saturnumlaufs (oben) und Bedeckung des Saturn durch den Mond (rechts).

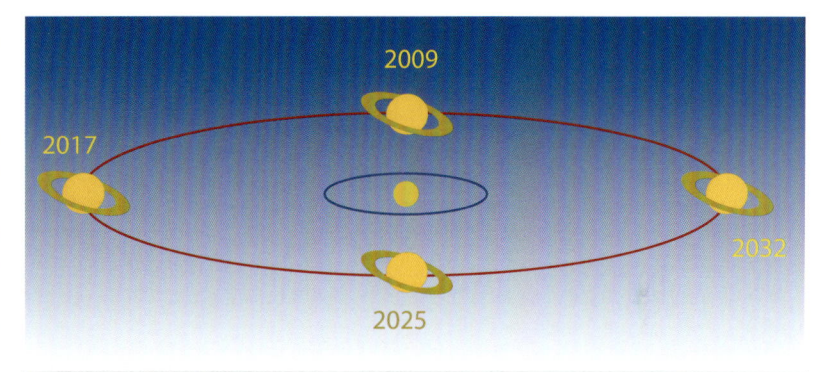

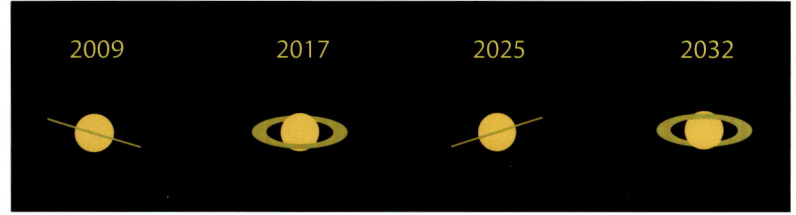

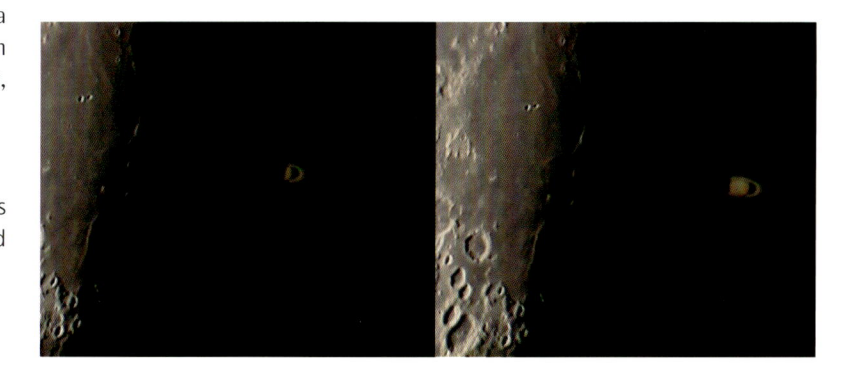

■ Uranus und Neptun

Entfernung:
2,9 und 4,5 Mrd. km zur Sonne, 2,6 und 4,3 Mrd. km zur Erde

Größe:
51000 km und 50000 km, scheinbar 4" und 2,5"

Die äußeren Riesenplaneten Uranus und Neptun sind derart weit von der Erde entfent, dass sie trotz ihrer enormen Größe selbst in großen Teleskopen nur winzig klein bleiben.
Uranus erscheint als schwaches Sternchen, das gerade so mit bloßem Auge gesehen werden kann. Im Teleskop sieht man nur bei Vergrößerungen von mehr als 100× ein kleines blaugrünes Scheibchen.
Neptun ist noch schwächer und erfordert mindestens ein Fernglas. Das Scheibchen ist nur noch etwas mehr als halb so groß wie das Uranusscheibchen, die winzige blaue Kugel ist erst ab einer Vergrößerung von gut 200× wahrnehmbar.

Abb. 4-23: Uranus erscheint im Teleskop als kleines blaugrünes Scheibchen. Er ist nur bei höherer Vergrößerung dadurch von einem Stern zu unterscheiden.

■ Zwerg- und Kleinplaneten

Entfernung:
wechselnde Entfernung

Größe:
Zwergplanten > 1000 km, Kleinplaneten < 1000 km

Neben den acht großen Planeten gibt es im Sonnensystem viele zehntausend kleinere Planeten.
Die Zwergplaneten sind die größten unter ihnen. Derzeit werden nur die fünf Körper Ceres, Pluto, Makemake, Haumea und Eris dazu gezählt. Es ist aber abzusehen, dass weitere Zwergplaneten entdeckt werden.
Die Kleinplaneten werden auch Asteroiden oder Planetoiden genannt. Sie ballen sich in zwei Gürteln im Sonnensystem: zum einen zwischen den Planeten Mars und Jupiter, zum anderen im sogenannten Kuipergürtel jenseits des Neptun.
Zwergplaneten und Kleinplaneten erscheinen im Teleskop sternförmig und sind von Hintergrundsternen visuell nicht zu unterscheiden. Sie lassen sich lediglich an ihrer Bewegung vor dem Hintergrund erkennen. Die hellsten Objekte können im günstigsten Fall gerade noch mit bloßem Auge gesehen werden, die meisten Zwerg- und Kleinplaneten erscheinen jedoch selbst im Teleskop nur als sehr schwache Sternchen.
Gelegentlich bedecken Kleinplaneten einen helleren Stern. Ist der Kleinplanet deutlich schwächer als der Stern, verschwindet der Stern für kurze Zeit.

Kometen

Entfernung:
wechselnde Entfernung

Größe:
Kern ca. 1 km, Koma 1 000 000 km, Schweif 100 000 000 km

Kometen sind Kleinkörper unseres Sonnensystems. Es gibt mehrere tausend von ihnen, sie treten aber nur in Erscheinung, wenn sie auf ihrer sehr langgezogenen elliptischen Bahn nahe an die Sonne kommen. Erst diesseits der Marsbahn entwickeln sie einen Schweif, der aus dem Kometenkern entwichenes Gas und Staub enthält. Nur wenige Kometen kehren regelmäßig wieder wie der Halleysche Komet, der 76 Jahre für einen Umlauf um die Sonne braucht und uns erst 2062 wieder besuchen wird.

Helle Kometen, wie 1997 Hyakutake und 1998 Hale-Bopp, sind selten – im Mittel tritt nur ein Mal im Jahrzehnt solch ein heller Schweifstern auf. Daneben gibt es fast jedes Jahr schwächere Kometen, die schön mit einem Fernrohr gesehen werden können.

Bei kleiner Vergrößerung sieht man üblicherweise einen diffusen Nebel. Manchmal ist ein schwacher Schweifansatz zu sehen, oft erscheint der Komet aber einfach rund. Dass es sich um einen Kometen und nicht um einen Gasnebel oder eine Galaxie handelt, kann man an der Bewegung des »Nebels« relativ zu den Sternen sehen. Oft ist diese Bewegung schon nach einer Stunde deutlich, die Position des Kometen hat sich verschoben.

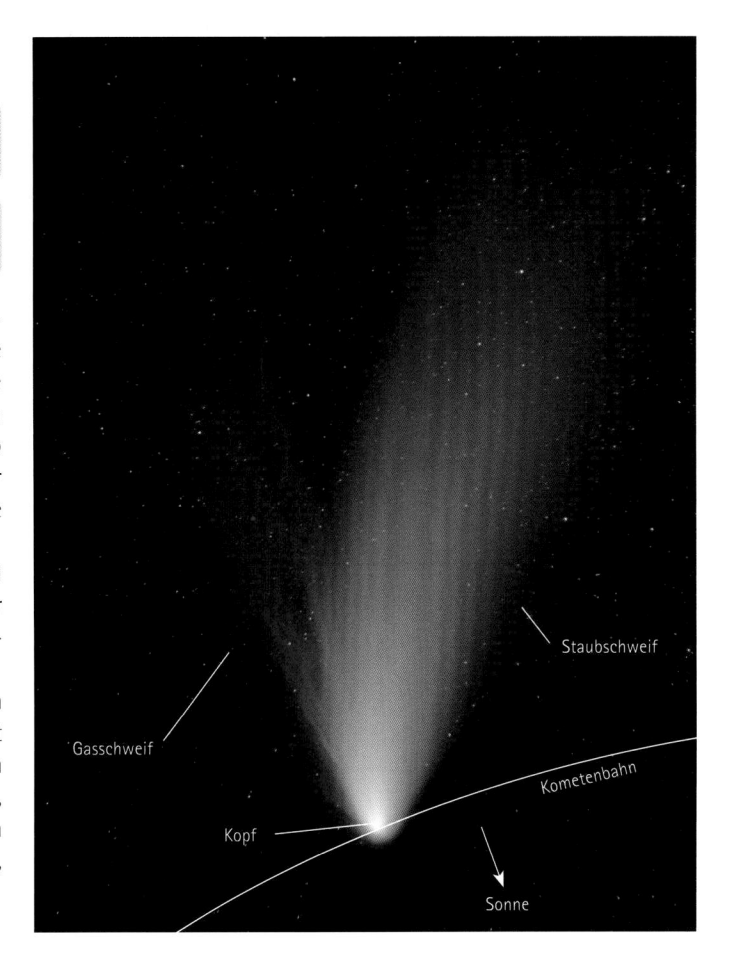

Abb. 4-24: Komet Hale-Bopp mit Staubschweif (gelblich) und Gasschweif (bläulich).

Ein kleiner Kern ist bei den meisten Kometen sichtbar, manchmal so hell wie ein Stern, manchmal auch nur diffus und unsicher. Das runde helle Gebiet um diesen herum nennt man »Koma«. Der Schweif eines helleren Kometen besteht meist aus zwei getrennten Bereichen: Der Ionen- oder Gasschweif ist direkt von der Sonne weg gerichtet und enthält fluoreszierende Gasionen, auf Fotos erscheint er blau. Der Staubschweif enthält im Sonnenlicht leuchtende Staubpartikel und ist vom Kometenkopf entsprechend dessen Bewegung entgegen der Sonnenrichtung weggekrümmt, auf Fotos sieht er gelblich aus.

Um über aktuelle Kometen Bescheid zu wissen, empfiehlt sich das Lesen einer Astrozeitschrift. Auch im Internet sind dann aktuelle Aufsuchkarten zu finden.

Abb. 4-25: Die meisten Kometen erscheinen ohne Schweif und zeigen sich lediglich als kleine runde Nebel.

Abb. 4-26: Nur wenige Kometen werden sehr hell und können einen Schweif ausbilden. Dabei ist der gerade Gasschweif immer direkt von der Sonne weg gerichtet, während der Staubschweif sich in der Richtung krümmt, aus der der Komet gekommen ist.

Deep-Sky-Objekte

Mit dem »tiefen Himmel« ist der Kosmos jenseits des Sonnensystems gemeint. Dazu zählen zum einen die Objekte in unserer Heimatgalaxie, der Milchstraße, zum anderen die zahlreichen weiteren Galaxien in der näheren und ferneren Umgebung.

Die Entfernung zu den nächsten Sternen beträgt etwa 10 Lichtjahre, die Sterne am Nachthimmel sind bis zu 100 oder 1000 Lichtjahre entfernt. Die gesamte Milchstraße hat einen Durchmesser von 100 000 Lichtjahren. Die Andromedagalaxie ist noch mit bloßem Auge zu sehen, sie ist unvorstellbare 2,5 Millionen Lichtjahre entfernt. Dei meisten im Fernrohr beobachtbaren Galaxien bringen es gar auf Entfernungen von 50 bis 500 Millionen Lichtjahren. Quasare können bis weit über 1 Milliarde Lichtjahre entfernt sein. Die Grenze des Universums wird bei etwa 13,7 Milliarden Lichtjahren erreicht – denn vor 13,7 Milliarden Jahren ist das Universum erst entstanden!

Bemühen wir wieder ein Modell, um diese Dimensionen zu veranschaulichen. Maßstab ist diesmal eins zu eine Billion. Ein Lichtjahr entspricht dann etwa 9,5 km. Schon bei einer relativ nahen Galaxie wie der Andromedagalaxie versagt auch dieser Maßstab. Würde man sich das gesamte Universum so groß wie den Durchmesser der Sonne denken, wäre das gesamte Sonnensystem nur noch ein winziges Korn mit 0,06mm Durchmesser. Nähme man die Erdkugel als Maßstab für das Universum, wären vom Sonnensystem gar nur noch 0,0004mm übrig.

Im folgenden sind 12 Deep-Sky-Objekte vorgestellt, darunter 10 galaktische (in der Milchstraße) und 2 extragalaktische (andere Milchstraßen). Dabei zeichnet die Reihenfolge der galaktischen Objekte ein Sternenleben von der Geburt bis zum Tod nach.

Je 3 der vorgestellten Objekte sind in einer Jahreszeit zu sehen, es handelt sich um die schönsten Fernrohrobjekte.

Deep-Sky-Objekte innerhalb der Milchstraße:
- Doppelsterne: zwei durch die Schwerkraft gekoppelte Sterne
- Veränderliche Sterne: Sterne, die ihre Helligkeit verändern
- Galaktische Nebel: Gas- und Staubgebiete
- Offene Sternhaufen: bis 5000 gemeinsam entstandene Sterne
- Planetarische Nebel: Hülle eines Sterns am Ende seines Lebens
- Kugelsternhaufen: extrem sternreiche sehr alte Sternhaufen
- Supernovarest: Überrest des Gravitationskollaps eines Sterns

Deep-Sky-Objekte außerhalb der Milchstraße:
- Galaxien: andere Milchstraßen, die aus Sternen, Nebeln und Sternhaufen bestehen

Modell des Universums im Maßstab 1 : 1 000 000 000 000

Objekt	Durchmesser des Sonnensystems	Entfernung zum nächsten Stern	Entfernung zu den Plejaden	Durchmesser der Milchstraße	Entfernung zur Andromedagalaxie
Entfernung	6m	40,9km	3700km	950 000km	20 500 000km

■ Orionnebel

Sternalter 0–10 000 Jahre   *Winter*

M 42
- Galaktischer Nebel
- Sternbild: Orion
- Helligkeit: 3,^{m}5
- Ausdehnung: 30'
- Entfernung: 1300 Lichtjahre
- Größe: 2 Lichtjahre (Zentralregion), 15 Lichtjahre insgesamt

Der Orionnebel ist das schönste Beispiel am Himmel für ein Gebiet, in dem aktuell – sozusagen unter den Augen des Beobachters – Sterne geboren werden. Der Nebel hüllt einen Haufen sehr massereicher und leuchtkräftiger Sterne ein, die gerade entstanden sind. Das Gros dieser sehr jungen Sterne – mit dem vierfachen Trapez im Zentrum – ist in dem dahinter liegenden Nebel noch verborgen.

Dort klumpt sich die Gasmaterie des Nebels durch die Einwirkung von Dichtewellen unter der eigenen Schwerkraft zusammen. Ein einmal geformter Gasball wird – sofern der Materievorrat der Umgebung ausreicht – immer weiter anwachsen, bis schließlich die Dichte und Temperatur ausreichen, um die Kernfusion im Zentrum zu zünden.

Für viele ist der Orionnebel das schönste Nebelobjekt am Himmel. Bei kleiner Vergrößerung füllt er das halbe Gesichtsfeld aus. Es fällt auf, dass aus einem hellen Zentralbereich zwei geschwungene Nebelfilamente »ausströmen«. Der Raum zwischen ihnen ist von schwächerem Nebel ausgefüllt. In dunklen Nächten strahlt der Nebel in einer eigentümlichen, leicht grünlichen Farbe. Das ist das sichtbare Licht des fluoreszierenden Sauerstoffs. Auf Fotos erscheint der Nebel dagegen rot, weil hier vor allem das Wasserstoffleuchten abgebildet wird.

Obwohl der Nebel bei geringster Vergrößerung am hellsten ist, offenbart erst eine Steigerung der Vergrößerung die Details der Zentralregion. Bei mittlerer Vergrößerung zeigt sich eine dunkle Nebelbucht, die direkt auf den hellsten Bereich weist – das sogenannte Fisch- oder Löwenmaul oder die »große Bucht«. Mitten im hellsten Bereich fällt eine eng stehende Gruppe von vier Sternen auf, das berühmte Trapez. Mit etwas Geduld sind zahlreiche Strukturen mit schwächerem Kontrast auszumachen, deren Zusammenspiel erst die Schönheit des Nebels erzeugt.

Schritt für Schritt aufsuchen:

1. Die drei Gürtelsterne, die eine Reihe bilden, im Sternbild Orion fixieren.
2. Von den Gürtelsternen Richtung Horizont weisend findet man das Schwertgehänge des Orion, das bei optimalem Stand des Sternbilds vertikal ausgerichtet ist.
3. Der Orionnebel erscheint als mittlerer der drei »Sterne« des Schwertgehänges schon mit bloßem Auge.

Abb. 4-27: Orientierungskarte.

Abb. 4-28: Amateurfoto des Orionnebels.

Abb. 4-29: Zeichnung an einem 114/900mm-Newton bei 56×.

Optimale Aufnahmebrennweite: 1000mm–2000mm

Optimale Vergrößerung: 40× Gesamtansicht
120× Detailansicht

Schritt 4 Deep-Sky-Objekte

Lagunennebel

Sternalter 10 000–2 Mio. Jahre   *Sommer*

M 8
- Offener Sternhaufen und Galaktischer Nebel
- Sternbild: Schütze
- Helligkeit: $5^m\!.8$ (Nebel) / $4^m\!.6$ (Sternhaufen)
- Ausdehnung: 20′
- Entfernung: 4300 Lichtjahre
- Größe: 60 × 40 Lichtjahre

M 8 besteht aus einem Sternhaufen in einem Nebelumhang. Hier sieht man »von der Seite« (statt wie bei M 42 frontal) ein aktuelles Sternentstehungsgebiet, in das man hineinblicken kann. Unterschiedliche Stadien der Sternentwicklung werden dadurch sichtbar: Der Sternhaufen selbst existiert schon 2 Millionen Jahre, er besteht aus massereichen leuchtkräftigen Sternen, die in einer »1. Welle« entstanden sind. Wesentlich jünger sind die Sterne in unmittelbarer Nähe der hellsten Nebelpartien. Der hellste von ihnen gehört zu den leuchtkräftigsten Sternen überhaupt (1 Million × Sonne) und hat 100 Sonnenmassen, damit ist er so hell, dass man ihn trotz der Entfernung von 4300 Lichtjahren mit bloßem Auge sehen kann (nur bei guter Horizontsicht). Im hellsten Nebelteil kann man einen ähnlich massereichen Stern gerade »bei der Geburt« beobachten. Der Stern selbst ist dabei noch nicht sichtbar, denn er ist in einem Sanduhr-förmigen Nebelkokon verborgen. Aus dieser Materie könnte gerade ein Planetensystem entstehen.

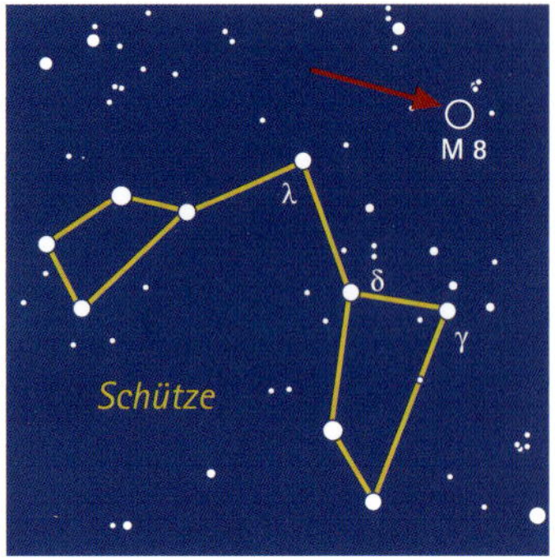

Bei kleiner Vergrößerung im Fernglas oder im Teleskop sind Sternhaufen und Nebel gleichzeitig im Feld zu sehen. Der Sternhaufen ist eine eher lockere Ansammlung. Der Nebel erscheint zuerst vom Sternhaufen deutlich getrennt, als länglicher Fleck in der Nähe zweier heller Sterne. In einer richtig dunklen Nacht sieht man aber, dass auch der Sternhaufen von schwachem Nebel umgeben ist. Eine dunkle Straße trennt den hellsten Nebelteil vom Sternhaufen: die »Lagune«, nach der das Objekt benannt ist.

Mittlere Vergrößerung ist ratsam, um den helleren Nebelteil zu betrachten. Der erwähnte sehr leuchtkräftige Stern steht direkt daneben. Bei hoher Vergrößerung erkennt man in 100mm-Teleskopen die Sanduhr-Form dieses sehr kleinen Nebelteils, der deswegen auch »Stundenglasnebel« genannt wird.

Schritt für Schritt aufsuchen:

1. Die hellsten Sterne des Sternbilds Schütze bilden das Teekannen-Muster.
2. An der Spitze der Teekanne steht λ Sgr.
3. Von λ Sgr sind es ca. 10° Richtung Westen, bis man auf die im Sucherteleskop deutliche Ansammlung stößt.

Abb. 4-30: Orientierungskarte.

Abb. 4-31: Amateurfoto des Lagunennebels.

Abb. 4-32: Zeichnung an einem 114/900mm-Newton bei 56×.

Optimale Aufnahmebrennweite: 1500mm–2500mm

Optimale Vergrößerung: 40× Gesamtansicht
120× Detailansicht

Schritt 4 Deep-Sky-Objekte

h und chi

Sternalter 3–5 Mio. Jahre   *Herbst*

NGC 869/884
- Offene Sternhaufen
- Sternbild: Perseus
- Helligkeit: 5^{m}3 / 6^{m}1
- Ausdehnung: 20' / 25'
- Entfernung: 8000 Lichtjahre
- Größe: 70 Lichtjahre

h und chi (χ) ist die übliche Bezeichnung für dieses einmalige Doppelobjekt am Himmel. Es handelt sich um zwei Offene Sternhaufen, die nicht nur scheinbar von uns aus, sondern auch räumlich nahe beieinander stehen. Sie bestehen beide aus je 300 leuchtkräftigen Sternen, die gemeinsam entstanden sind. Dabei wird h (NGC 869) ein 2 Millionen Jahre höheres Alter zugesprochen als chi (NGC 884). Die massereichsten Sterne in NGC 869 haben die Hauptphase ihres Lebens schon hinter sich gebracht und sind zu Roten Riesen geworden. Diese Sterne geraten in ein zunehmendes Ungleichgewicht, das ihr Lebensende ankündigt. Die Sterne in NGC 884 dagegen sind noch nicht so weit, hier sind keine Roten Riesen zu erkennen.

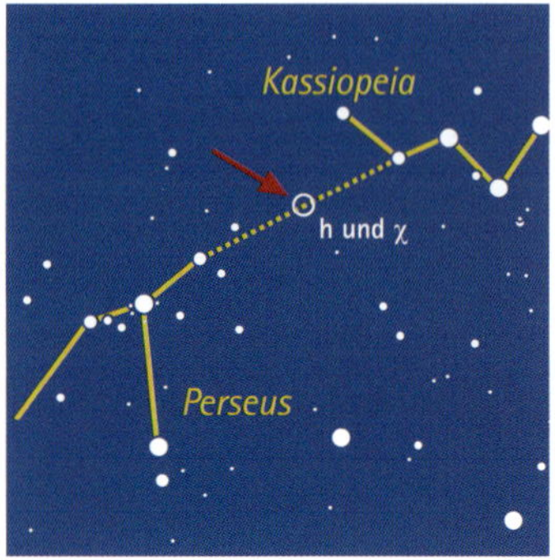

Der Nebelfleck, den die Sternhaufen mit bloßem Auge gesehen bilden, ist ein gutes Testobjekt für dunklen Himmel, der für Deep-Sky-Beobachtungen geeignet ist. Er ist leicht zwischen den Sternbildern Cassiopeia und Perseus zu finden.

h und chi gehören zu den großartigsten Fernrohranblicken am Himmel, wenn man bei kleiner Vergrößerung bleibt, denn nur mit mehr als 1,5° Gesichtsfeld sind beide Haufen gemeinsam zu sehen. Dabei sehen sie auf den ersten Blick wie Zwillinge aus. Vergrößert man jedoch hinein, fallen die unterschiedlich aussehenden Zentren auf. Mit Öffnungen von mehr als 100mm und mittleren Vergrößerungen kann man drei bis vier der orange leuchtenden Roten Riesen in NGC 884 sehen.

Schritt für Schritt aufsuchen:

1. Das Sternbild Cassiopeia besteht aus dem Himmels-W, das dem großen Wagen mit dem dazwischen liegenden Polarstern gegenübersteht.
2. Die Verlängerung des zweiten W-Strichs führt die Milchstraße hinab Richtung Sternbild Perseus.
3. h und chi stehen genau zwischen Cassiopeia und Perseus und sind leicht im Sucherfernrohr zu sehen.

Abb. 4-33: Orientierungskarte.

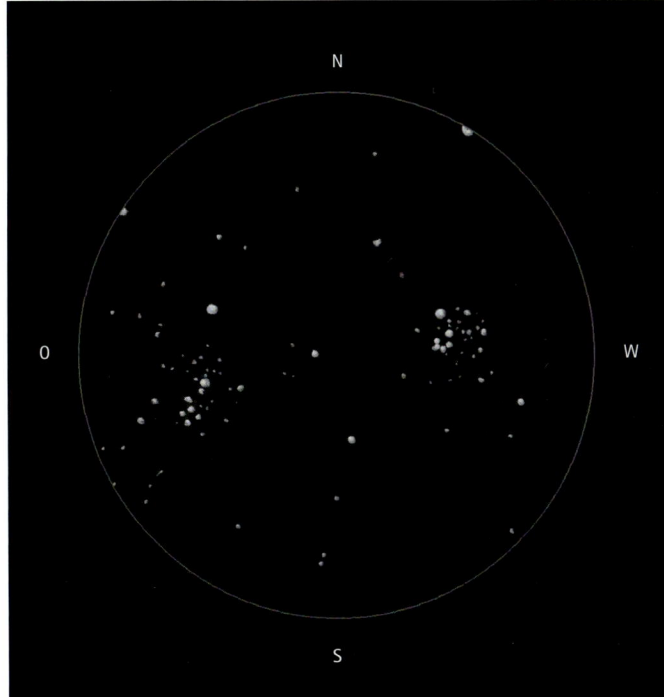

Abb. 4-34: Amateurfoto des Doppelsternhaufens.

Abb. 4-35: Zeichnung an einem 114/900mm-Newton bei 36×.

Optimale Aufnahmebrennweite: 750mm–1500mm

Optimale Vergrößerung: 25× Gesamtansicht
100× Detailansicht

■ Plejaden

Sternalter 100 Mio. Jahre *Winter*

M 45
- Offener Sternhaufen
- Sternbild: Stier
- Helligkeit: 1^{m}2
- Ausdehnung: 1,5°
- Entfernung: 400 Lichtjahre
- Größe: 15 Lichtjahre, 200 Sterne

Die Plejaden sind ein junger Sternhaufen, der schon völlig von Nebelmaterie befreit ist. Die hellsten Sterne sind leuchtkräftige blau-weiße Riesensterne mit bis zu 1000-facher Sonnenleuchtkraft und zehnfachem Sonnendurchmesser. Sie passieren derzeit gerade eine Staubwolke, deshalb erscheinen einige der hellsten Sterne auf Fotografien auch von blauen Nebeln umgeben. M 45 ist das klassische Beispiel eines Offenen Sternhaufens. Die gemeinsam entstandenen Sterne sind durch gegenseitige Schwerkraft gebunden und bewegen sich auch zusammen.

Die Plejaden sind seit Urzeiten das Thema der Sagen und Mythen der Völker der Erde. Im deutschen Sprachraum werden sie auch Gluckhenne oder Siebengestirn genannt. Letzteres ist eine Reflexion des antiken Glaubens, mit den Plejaden seien die sieben Töchter des Atlas an den Himmel versetzt. Die hellsten Sterne des Haufens sind heute noch nach ihnen benannt: Pleione, Alkyone, Merope, Elektra, Taigeta, Maia und Celaeno.

Scheinbar war die höchste Stellung der Plejaden zu Mitternacht im November ein wichtiges Datum für viele Kulturen der Erde. Auch bei uns finden sich noch Reste dieser Traditionen: Allerheiligen fällt mit diesem Datum genauso in etwa zusammen wie der Zeitpunkt der Hexennächte auf dem Brocken und anderswo, oder das amerikanische Halloween.

Durch den großen Durchmesser der Gruppe ist der Sternhaufen auch bei geringster Vergrößerung oft nicht mehr mit ausreichend dunkler Umgebung ins Okular zu bringen. Überwältigend ist der Eindruck der glitzernden hellen Sterne. Sie sind in einem unverkennbaren Muster angeordnet, das etwas an den Großen Wagen erinnert. Eine schöne Sternkette windet sich aus dem Haufen heraus. Bei höherer Vergrößerung verschwindet leider der imposante Gesamteindruck. Dafür sind jetzt Einzelheiten besser zu sehen, wie eine kleine Dreiergruppe, die direkt neben dem hellsten Stern Alkyone zu finden ist.

Schritt für Schritt aufsuchen:

1. Sternbild Stier am Herbst- und Winterhimmel ausfindig machen.
2. Die Plejaden sind der helle Sternklumpen »rechts oberhalb« des Zentralbereich des Sternbilds, mit bloßem Auge einfach zu sehen.

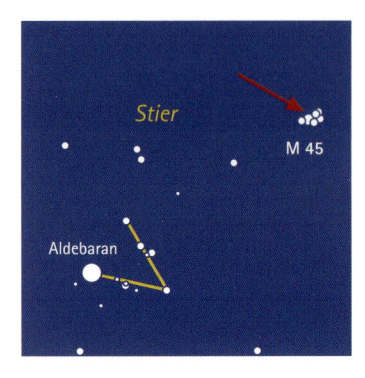

Abb. 4-36: Orientierungskarte.

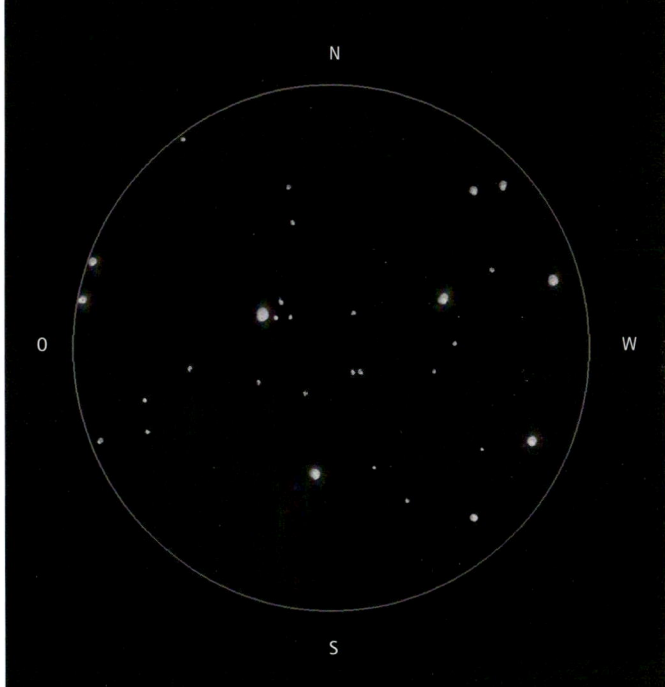

Abb. 4-37: Amateurfoto des Siebengestirns.

Abb. 4-38: Zeichnung an einem 114/900mm-Newton bei 45×.

Optimale Aufnahmebrennweite: 500mm–1000mm

Optimale Vergrößerung: 20× Gesamtansicht
80× Detailansicht

■ Algol

Sternalter 300 Mio. Jahre *Herbst*

> **β Persei**
> - Veränderlicher Stern
> - Sternbild: Perseus
> - Helligkeit: $2\overset{m}{.}1 - 3\overset{m}{.}4$
> - Periode: 2,87 Tage
> - Entfernung: 93 Lichtjahre
> - Größe: 3,2 Millionen km, 4 Sonnenmassen

Die meisten Sterne erscheinen von der Erde immer in derselben Helligkeit. Es gibt aber auch die sogenannten Veränderlichen Sterne, bei denen die Helligkeit regelmäßig oder unregelmäßig wechselt. Dabei unterscheidet man die physischen Veränderlichen, bei denen der Lichtwechsel auf Pulsationen des gesamten Sterns zurückgeht, von den sogenannten Bedeckungsveränderlichen. Bei letzteren ist der Stern selbst nicht veränderlich, sondern wird von Zeit zu Zeit von einem anderen Stern bedeckt, wobei sein Licht für einen bestimmten, stets wiederkehrenden Zeitraum abgeschwächt wird. Beide Sterne kreisen um einen gemeinsamen Schwerpunkt, wobei sich der Beobachter in der Bahnebene befindet. Es handelt sich also um Doppelsternsysteme, deren Komponenten im Fernrohr direkt nicht getrennt werden können.

Der Stern Algol im Perseus ist der hellste dieser Bedeckungsveränderlichen. Schon im Altertum ahnte man wohl von der Eigentümlichkeit des Sterns, denn er symbolisierte die Fratze des Medusenkopfes, bei dessen Anblick alles Lebendige zu Stein erstarrte. Auch der Name »Teufelsstern« war geläufig. Erst 1782 wurde der Lichtwechsel von Algol durch den taubstummen Amateurastronomen John Goodricke erklärt.

Der Begleiter von Algol umläuft den Hauptstern in 10 Millionen km Entfernung, das entspricht nur 1/15 der Entfernung Erde-Sonne. Alle 2 Tage, 20 Stunden und 56 Minuten kommt es zu einer 79%igen Bedeckung von 10 Stunden Dauer. Während dieser Zeit fällt die Helligkeit des Sterns von $2\overset{m}{.}1$ auf $3\overset{m}{.}4$ ab. Der Abfall und Anstieg ist schon mit dem bloßen Auge zu beobachten. Wenn der dunkle Begleitstern hinter dem Hauptstern steht, kommt es zusätzlich zu einem Nebenminimum, das aber kaum zu beobachten ist.

Schritt für Schritt aufsuchen:

1. Das Sternbild Perseus befindet sich zwischen dem Himmels-W und den Plejaden in der Herbstmilchstraße.
2. Im Zentrum des Sternbildes steht der hellste Stern des Perseus in einer kleinen Sterntraube.
3. Algol ist der zweithellste Stern (im Maximum) des Sternbilds 15° südlich.

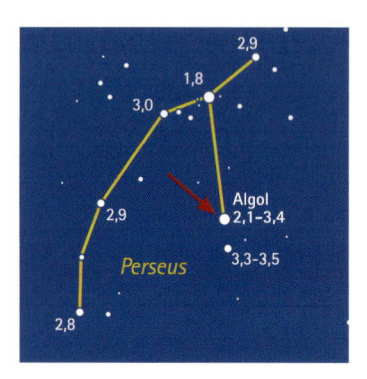

Abb. 4-39: Orientierungskarte.

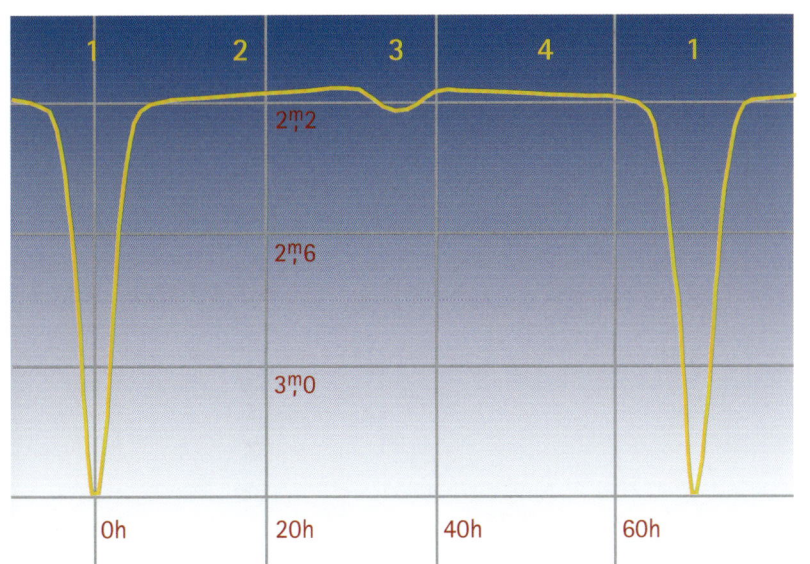

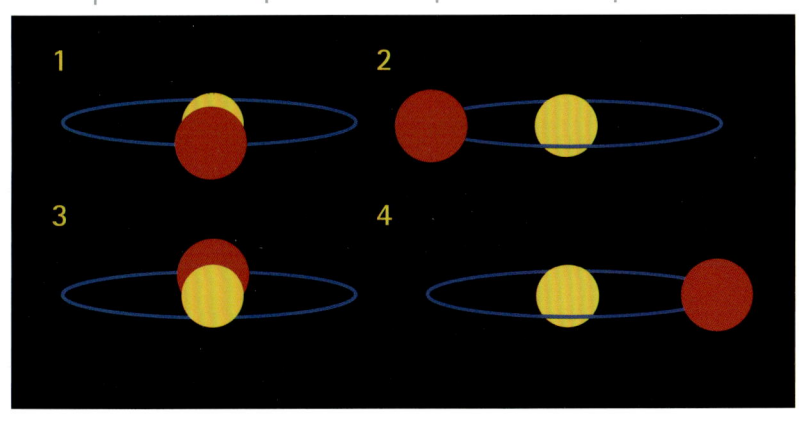

Abb. 4-40: Die regelmäßig wiederkehrende Lichtkurve von Algol ist durch die Stellung des engen Doppelsternsystems zu erklären:

1. Minimum: Der lichtschwächere Begleiter bedeckt den hellen Hauptstern.

2. Maximum: Das Licht von Begleiter und Hauptstern ist kombiniert.

3. Nebenminimum: Der Begleiter tritt hinter den Hauptstern.

4. Maximum: Das Licht von Begleiter und Hauptstern ist kombiniert.

Beobachtung mit bloßem Auge oder Fernglas – Vergleich mit anderen Sternen und Abschätzung der Helligkeit (Vergleichshelligkeiten siehe Orientierungskärtchen S. 128).

■ Mizar/Alkor

Sternalter 500 Mio. Jahre   *Frühling*

ζ Ursae Maioris
- Doppelstern
- Sternbild: Großer Bär
- Helligkeit: 2ᵐ3 / 3ᵐ9 / 4ᵐ0
- Abstand: 12' / 14"
- Entfernung: 80 Lichtjahre
- Größe: Abstand 340× Sonne-Erde, Abstand Alkor 0,25 Lj

Mizar ist der helle Stern am Knick der Deichsel des Großen Wagens. Er besteht aus einem hellen blau-weißen Stern von 70-facher Sonnenleuchtkraft, der von einem schwächeren Stern dicht begleitet wird. Beide Sterne umkreisen einen gemeinsamen Schwerpunkt, sie sind gravitativ gebunden.

Etwas weiter entfernt steht Alkor, das »Reiterlein«, das ebenfalls zum Sternsystem gehört. Alkor strahlt 15× so hell wie die Sonne. Tatsächlich ist Mizar-Alkor aber kein Dreifachsystem, sondern sechsfach, was aber nicht direkt sichtbar ist.

Das gesamte System gehört zu einem alten, schon fast aufgelösten Sternhaufen, der aber so nahe ist, dass wir ihn nicht als solchen wahrnehmen können. Zu diesem gehören auch einige der anderen Sterne des Großen Wagens (nicht alle!).

Mizar und Alkor sind schon sehr lange bekannt; das »Reiterlein« war schon in der Antike ein beliebter Schärfeprüfer für das bloße Auge. In einer dunklen Nacht sollte er ohne Probleme über der Deichsel nahe bei Mizar sichtbar sein. Der Abstand beider Sterne ist etwa vier Mal so groß wie das Auflösungsvermögen des Auges. Wer ihn nicht erkennt, braucht nur das geringste optische Hilfsmittel zur Hand nehmen, und hat einfach das schöne Paar vor sich.

Mizar selbst lässt sich aber noch einmal in zwei dicht beieinander stehende Sterne trennen. Dazu reicht ein normales Fernglas nicht mehr aus, ein kleines Teleskop ist vonnöten. Bei genauem Hinsehen ist die Trennung in zwei weiße Punkte dicht zusammen schon bei kleiner Vergrößerung zu erkennen. Am besten geeignet ist eine mittlere Vergrößerung, weil dann nicht nur Mizar bequem getrennt wird, sondern auch Alkor noch mit im Feld steht.

Schritt für Schritt Aufsuchen:

1. Der Große Wagen ist Teil des Sternbilds Großer Bär, das in unseren Breiten nie untergeht.
2. Mizar ist der mittlere Stern an der Deichsel des Großen Wagens.

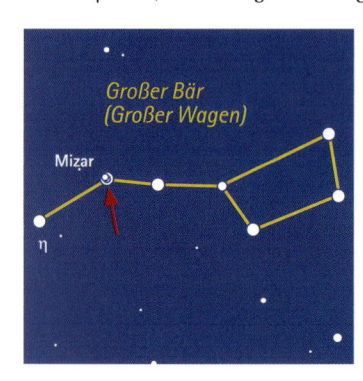

Abb. 4-41: Orientierungskarte.

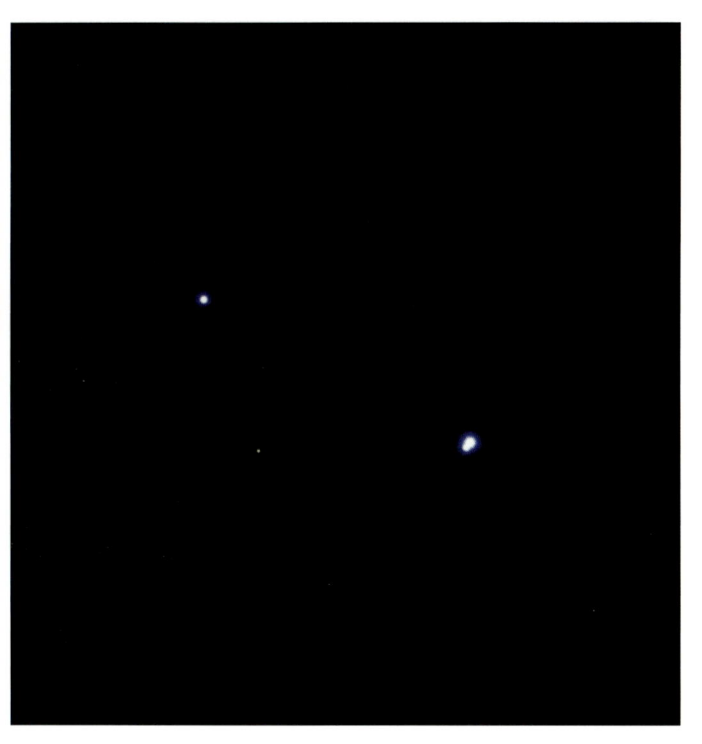

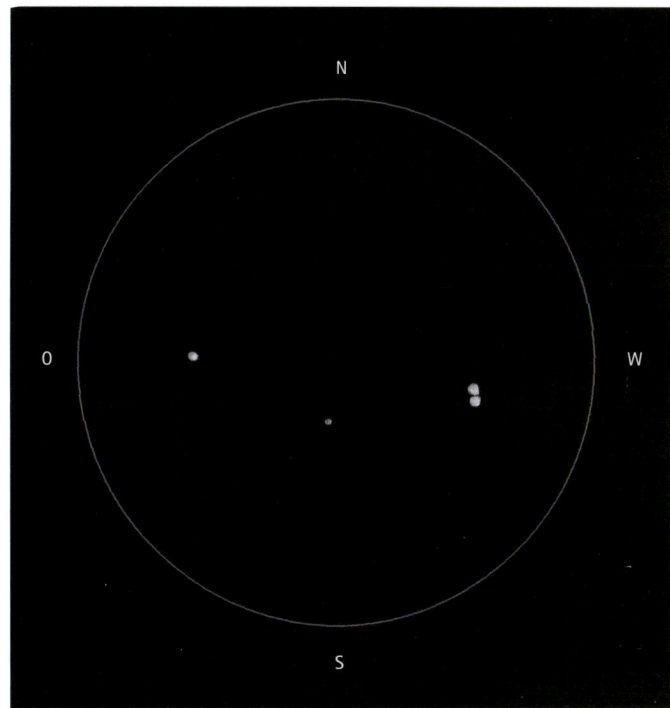

Abb. 4-42: Amateurfoto des Reiterleins.

Abb. 4-43: Zeichnung an einem 114/900mm-Newton bei 56×.

Optimale Aufnahmebrennweite: 2000mm–5000mm

Optimale Vergrößerung: 25× Gesamtansicht
60× Detailansicht

Schritt 4 Deep-Sky-Objekte

Albireo

Sternalter 200 Mio. Jahre   *Sommer*

> β **Cygni**
> - Doppelstern
> - Sternbild: Schwan
> - Helligkeit: 3^{m}1 / 5^{m}1
> - Abstand: 35"
> - Entfernung: 390 Lichtjahre
> - Größe: Abstand 630 Milliarden km, 760-fache und 120-fache Sonnenleuchtkraft

Albireo ist ein Doppelstern: Zwei Sterne, durch die Schwerkraft aneinander gebunden, kreisen um einen gemeinsamen Schwerpunkt. Die Bewegungen der Sterne des Albireo-Systems umeinander ist aber so klein, dass sie nicht gemessen werden können. Die Leuchtkraft der beteiligten Sterne ist enorm und übertrifft die der Sonne um mehrere hundert Mal. Unser Tagesgestirn wäre in dieser Entfernung nur ein Stern von 10^m Helligkeit, also wie einer der schwachen Sterne der Umgebung von Albireo. Dieses Doppelsternsystem ist durch seine Farbigkeit bekannt. Die sichtbaren Farben verdeutlichen die unterschiedliche Oberflächentemperatur der Sterne. Rote Farben stehen für relativ kühle Sternoberflächen (wenige tausend °C), weiße und blaue Färbung für sehr heiße Sterne (mehrere zehntausend °C). Bei Albireo ist der Hauptstern ein Roter Riese mit geringer Oberflächentemperatur, der Begleiter aber ein blau-weißer Stern mit heißer Oberfläche. Unsere Sonne hat eine gelbliche Farbe, die auf eine mittlere bis kühle Oberfläche hindeutet – immerhin noch fast 6000 °C. In derselben Entfernung wie Albireo stehen übrigens die Plejaden, die gut als Vergleichsobjekt mit dem Doppelstern betrachtet werden können.

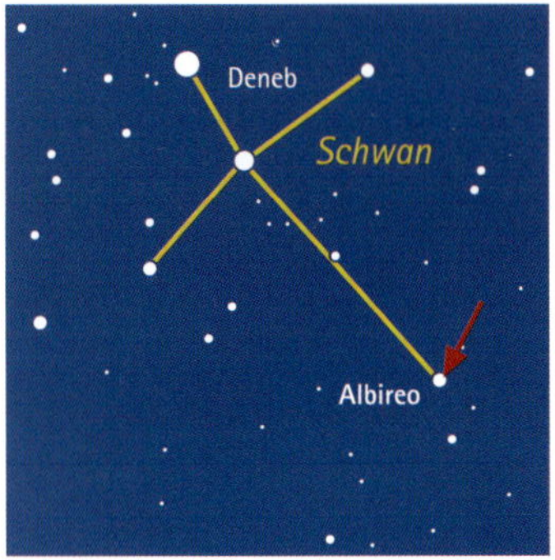

Albireo ist gerade so mit dem Fernglas zu trennen, richtig schön bringt ihn aber erst ein kleines Fernrohr bei mittlerer Vergrößerung zur Geltung. Die Farbtönungen von Haupt- und Nebenstern sind mit goldgelb und azurblau beschrieben worden oder wurden mit derjenigen eines Topaz- und Saphir-Edelsteins verglichen. Sie sind leichter zu sehen, wenn man das Bild leicht unscharf einstellt. Ein grünlicher Ton des Begleitsterns entspricht nicht der Realität und ist auf Kontrasteffekte zum blauen Hauptstern zurückzuführen.

Schritt für Schritt aufsuchen:

1. Das Sternbild Schwan in der Sommermilchstraße wird aus den Sternen des »Kreuz des Nordens« gebildet.
2. Albireo ist der Fußstern des Kreuzes und bildet den Kopf des Schwans.

Abb. 4-44: Orientierungskarte.

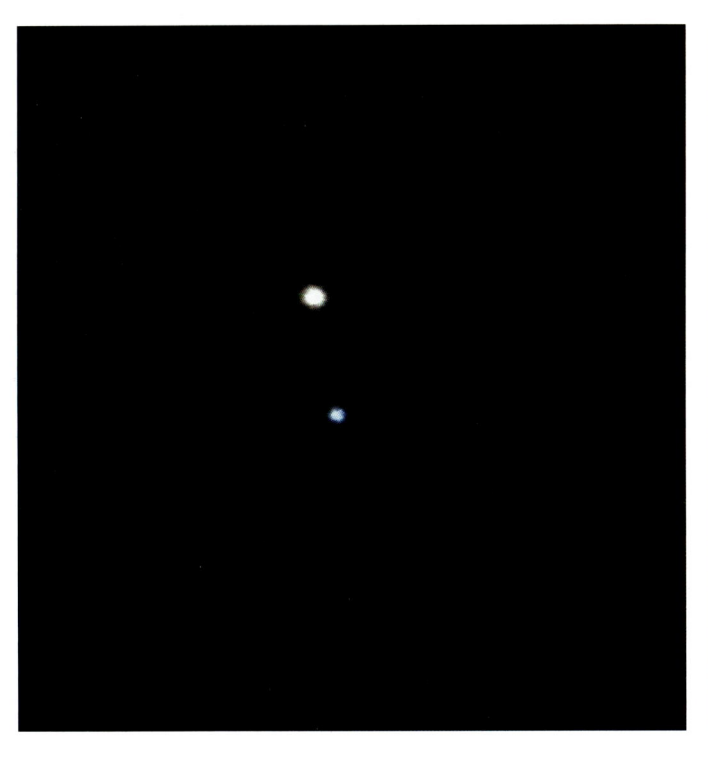

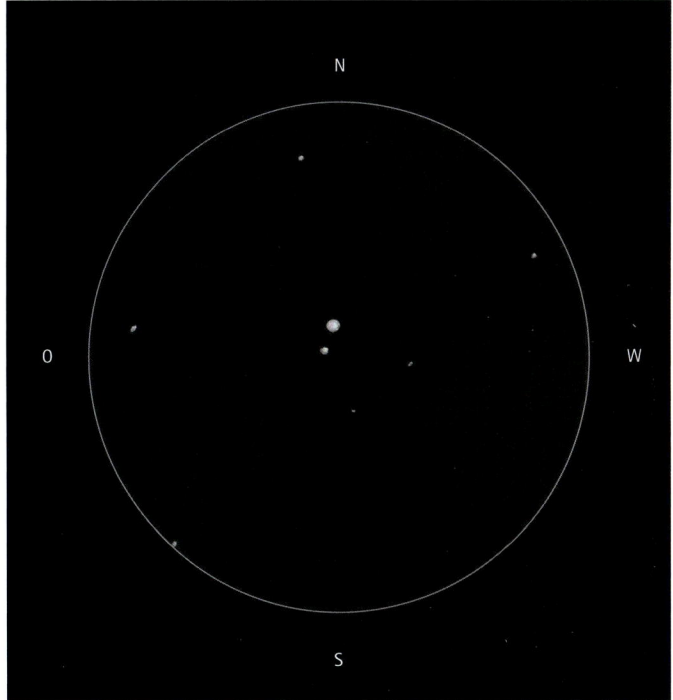

Abb. 4-45: Amateurfoto Albireos.

Abb. 4-46: Zeichnung an einem 114/900mm-Newton bei 56×.

Optimale Aufnahmebrennweite: 5000mm

Optimale Vergrößerung: 120× Gesamtansicht
120× Detailansicht

■ Crab-Nebel

Sternalter < 100 Mio. Jahre, Nebelalter 1000 Jahre *Winter*

M 1
- Supernova-Überrest
- Sternbild: Stier
- Helligkeit: 8^{m}4
- Ausdehnung: 5'
- Entfernung: 6200 Lichtjahre
- Größe: 10 Lichtjahre, 5 Sonnenmassen

Der eher unscheinbare Krebsnebel gehört zu den interessantesten Objekten der Astrophysik überhaupt. Es handelt sich um den Überrest einer Supernova aus dem Jahr 1054. Zu dieser Zeit bemerkten chinesische Chronisten einen hellen »Gaststern«, der mit sehr großer Helligkeit (400 Milliarden Sonnen) sogar am Taghimmel zu sehen war. Ein sehr massereicher Stern (ab 10 Sonnenmassen) war zum Ende seines Lebens explodiert.

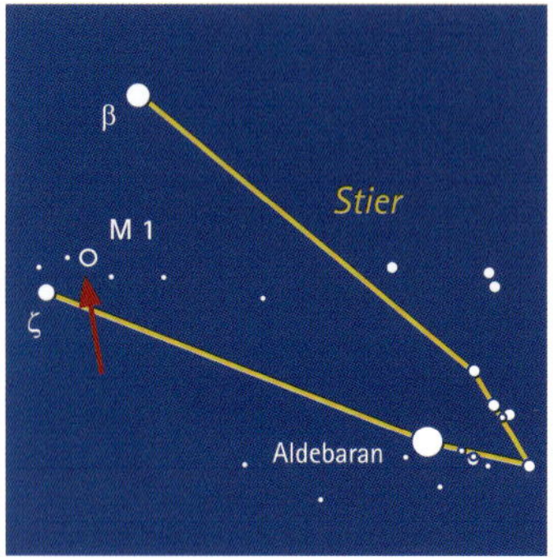

Das Ergebnis dieser Explosion ähnelt einem Planetarischen Nebel, nur sind die beteiligten Massen und damit auch Kräfte bei einer Supernova wesentlich größer. Übrig bleibt lediglich der Kern des ehemaligen Sterns, ein Neutronenstern. Dieses sehr kleine Objekt besteht im Inneren aus »entartetem« Neutronengas (die Elektronen werden durch die große Dichte in die Protonen der Atomkerne gedrückt, es entstehen Neutronen), das sich mit einer Frequenz von 1/30s extrem schnell um seine Achse dreht. Das Leuchten des umgebenden Nebels wird durch die starken Magnetfelder dieses Sterns erzeugt – durch die Beschleunigung von Elektronen in diesen starken Magnetfeldern entsteht sogenannte Synchrotonstrahlung, für die man auf der Erde große Beschleunigersysteme braucht, um sie im Labor zu beobachten.

Der Crabnebel ist ein sehr schwaches Objekt, besonders für kleine Teleskope. In Fernrohren mit 50–60mm Öffnung muss man froh sein, den kleinen Nebel überhaupt zu sehen. Für etwas größere Teleskope sind Vergrößerungen zwischen 80× und 120× ideal. Das dann sichtbare Erscheinungsbild kann am besten mit einem »gefalteten Flämmchen« beschrieben werden. Die unregelmäßige Struktur ist auch bei guten Bedingungen nur schwer zu fassen. Das im kleinen Teleskop sichtbare Nebellicht ist allein die Synchrotonstrahlung, der Rest der Supernova selbst und der Pulsar erfordern große Teleskope ab 350mm Durchmesser.

Schritt für Schritt aufsuchen:

1. Ausgangspunkt ist das Sternbild Stier. Sein rötlich leuchtender Hauptstern Aldebaran steht in einer V-förmigen Sternansammlung, den Hyaden.
2. Verlängert man das V nach Osten, trifft man auf die Sterne β Tau (nördlicher Ast) und ζ Tau (südlicher Ast).
3. ζ Tau wird im Hauptteleskop eingestellt. 1° nördlich steht ein 7^m-Stern.
4. Der Crabnebel ist einen Vollmonddurchmesser (30') westlich des 7^m-Sterns zu finden.

Abb. 4-47: Orientierungskarte.

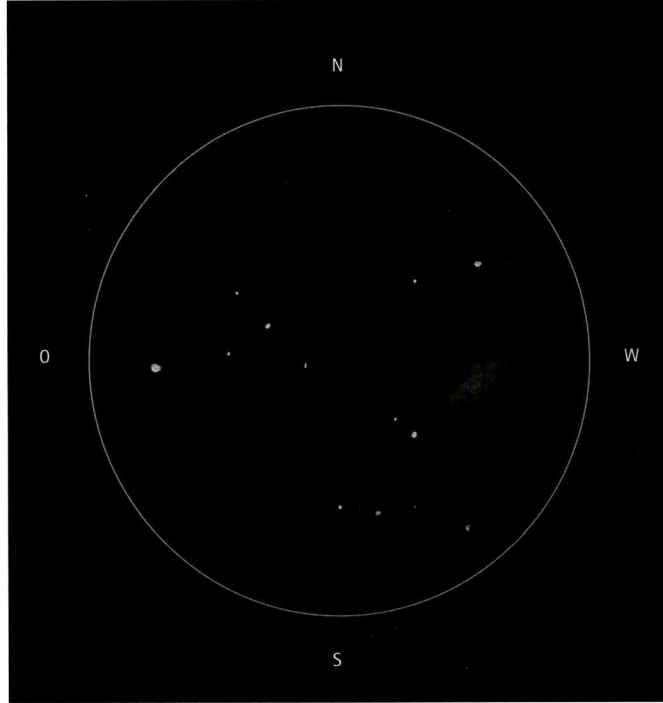

Abb. 4-48: Amateurfoto des Krebsnebels.

Abb. 4-49: Zeichnung an einem 114/900mm-Newton bei 56x.

Optimale Aufnahmebrennweite: 2000mm–4000mm

Optimale Vergrößerung: 60x Gesamtansicht
120x Detailansicht

Schritt 4 **Deep-Sky-Objekte**

■ Ringnebel

Sternalter ca. 1–1,5 Mrd. Jahre,
Nebelalter 20 000 Jahre

Sommer

M 57
- Planetarischer Nebel
- Sternbild: Leier
- Helligkeit: 8^{m}8
- Ausdehnung: 1,2′
- Entfernung: 2300 Lichtjahre
- Größe: 0,9 Lichtjahre, 0,2 Sonnenmassen

Der Ringnebel ist ein sogenannter Planetarischer Nebel. Vor etwa 20 000 Jahren stieß ein Stern seine äußeren Hüllen in den umgebenden Raum. Planetarische Nebel sind ein normales Stadium am Ende des Lebens massearmer Sterne (1–8 Sonnenmassen). Nach Verlöschen der Kernfusion im Zentrum eines Roten Riesen findet Energieproduktion in Schalen, die den »ausgebrannten« Kern umgeben, statt. Da die Energieproduktion nicht gleichmäßig abläuft, pulsiert der Stern – die äußeren Hüllen sind nur noch schwach gebunden und werden schließlich abgeblasen. Zurück bleibt ein weißer Zwerg – und die von dessen ultravioletter Strahlung zum Leuchten angeregte abgeblasene Materie.

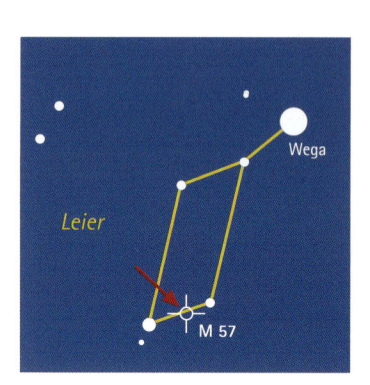

Der Ringnebel ist ein relativ kleines Objekt, bei Vergrößerungen von unter 50× muss man aufpassen, das Nebelscheibchen nicht für einen Stern zu halten. Zur Beobachtung sind 80–120× ideal. In kleinen Fernrohren sieht man eine schwache Nebelscheibe; benutzt man das Indirekte Sehen, kommt auch schon mit 50mm- oder 60mm-Teleskopen der berühmte Rauchring zum Vorschein. Wenn man genau beobachtet, und bei guten Sichtbedingungen noch etwas höher vergrößert, erkennt man dessen leicht ovale Form. Das dunklere Zentrum erscheint nicht ganz schwarz, sondern von einem ganz schwachen Nebelhauch überzogen. Der Zentralstern bleibt leider den meisten Fernrohrbesitzern verborgen, denn er ist ein sehr schwieriges Beobachtungsobjekt und erfordert etwa 400mm Teleskopöffnung.

Schritt für Schritt Aufsuchen:

1. Wega ist der hellste Stern des Sommerhimmels und der nordwestliche Eckpunkt des Sommerdreiecks.
2. Das Sternbild Leier bildet ein kleines rautenförmiges Muster südlich von Wega.
3. Der Ringnebel steht auf halbem Weg zwischen β und γ Lyrae, den beiden südlichen Sternen der Raute.

Abb. 4-50: Orientierungskarte.

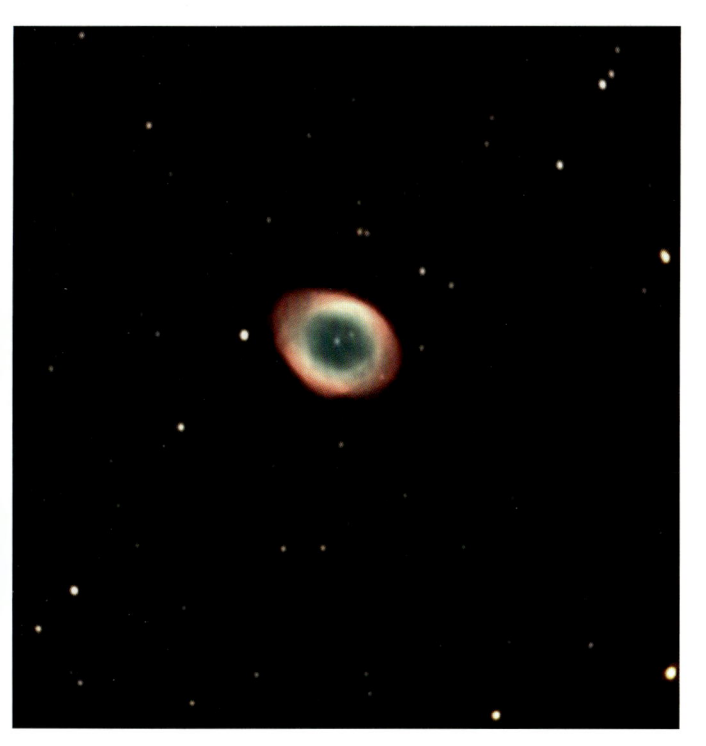

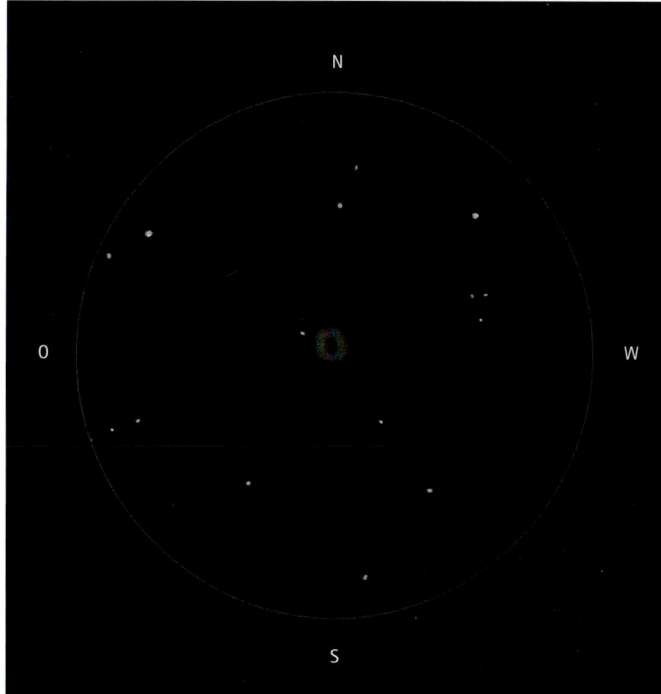

Abb. 4-51: Amateurfoto des Ringnebels.

Abb. 4-52: Zeichnung an einem 114/900mm-Newton bei 90×.

Optimale Aufnahmebrennweite: 1500mm–3000mm

Optimale Vergrößerung: 100× Gesamtansicht
100× Detailansicht

Schritt 4 Deep-Sky-Objekte

Herkules-Haufen

Sternalter 10 Mrd. Jahre *Frühling*

M 13
- Kugelsternhaufen
- Sternbild: Herkules
- Helligkeit: 5.^{m}7
- Ausdehnung: 8'
- Entfernung: 26000 Lichtjahre
- Größe: 100 Lichtjahre, 1 Million Sterne, 0,6 Millionen Sonnenmassen

Messier 13 ist der schönste von uns aus am leichtesten zu sehende Kugelsternhaufen. Diese Gebilde zählen wie Nebel und Offene Sternhaufen zu unserer eigenen Milchstraße, befinden sich aber in einem kugelförmigen Halo, der unsere Galaxis umgibt. Ihre Entstehung ist noch ungeklärt, durch die kugelförmige Anordnung der Sterne sind diese Haufen aber viel stabiler und damit älter als die Offenen Sternhaufen. Die Sterndichte liegt mit einem Stern pro Kubiklichtjahr vergleichsweise sehr hoch, dies entspricht aber nur einem Verhältnis von einem Fussball pro 1 km³, so dass es kaum zu Zusammenstößen zwischen den Sternen kommt. Kugelsternhaufen besitzen wesentlich mehr Sterne als Offene Sternhaufen; sie sind so alt wie die gesamte Milchstraße.

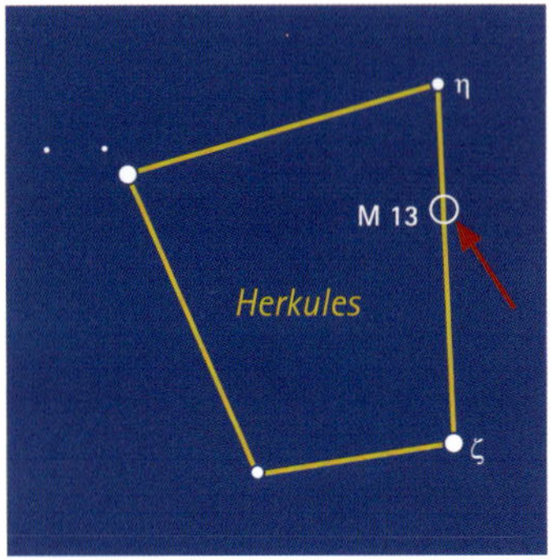

In einem kleinen Teleskop und generell bei kleiner Vergrößerung erkennt man nur ein nebliges Objekt, das rund aussieht und zur Mitte heller wird. Die hellsten Einzelsterne haben nur eine Helligkeit von 11.^{m}9. Die ersten von ihnen kann man zwar mit Mühe schon im 80mm-Fernrohr erhaschen, einen richtig in Sterne aufgelösten Charakter macht M 13 erst mit Öffnungen von 150mm und mehr.

Dann wird der Haufen zu einer großen Kugel aus tausenden Lichtpunkten aufgelöst, die einen großartigen räumlichen Anblick bietet. Einzelne Sterne sind in nach außen verlaufenden Ketten angeordnet, die M 13 ein spinnenartiges Aussehen verleihen.

Schritt für Schritt aufsuchen:

1. Südwestlich von Wega, des hellsten Sterns am Sommerhimmel, steht das nach oben breitere Trapez des Sternbilds Herkules.
2. Die Verbindungslinie des westlichen Trapezrandes wird von η und ζ Her gebildet.
3. M 13 steht auf 2/3 der Verbindungslinie, von ζ Her ausgehend, und ist in sehr dunklen Nächten mit bloßem Auge sichtbar.

Abb. 4-53: Orientierungskarte.

Abb. 4-54: Amateurfoto des Herkuleshaufens.

Abb. 4-55: Zeichnung an einem 114/900mm-Newton bei 90×.

Optimale Aufnahmebrennweite: 2000mm–3000mm

Optimale Vergrößerung: 100× Gesamtansicht
100× Detailansicht

Schritt 4 Deep-Sky-Objekte

■ Andromedagalaxie

Herbst

M 31
- Galaxie
- Sternbild: Andromeda
- Helligkeit: 3^m4
- Ausdehnung: 3°
- Entfernung: 2,5 Millionen Lichtjahre
- Größe: 160 000 Lichtjahre, 1 Billion Sterne

Die Andromedagalaxie ist das weitest entfernte, leicht mit bloßem Auge sichtbare Objekt. Zweieinhalb Millionen Jahre ist das Licht von dieser Galaxie zu uns unterwegs, man stelle sich vor wie die Erde aussah, als diese Strahlung ausgesandt wurde!
Die Andromedagalaxie ist ein gewaltiges Sternsystem wie unsere eigene Milchstraße. Tatsächlich ist unsere eigene Galaxis nur wenig kleiner. Dieses System beinhaltet alles, was zu einer Galaxie gehört: einige Milliarden Sterne, Sternhaufen, Gasnebel, Kugelsternhaufen. Das alles ist so weit entfernt, dass es in kleineren und mittleren Amateurgeräten zu einem Nebel verschwimmt. Die hellsten Einzelsterne der Galaxie erreichen 16. Größenklasse. Unsere Sonne hätte in dieser Entfernung nur 30^m und wäre selbst fotografisch in Riesenteleskopen nicht zu erfassen.

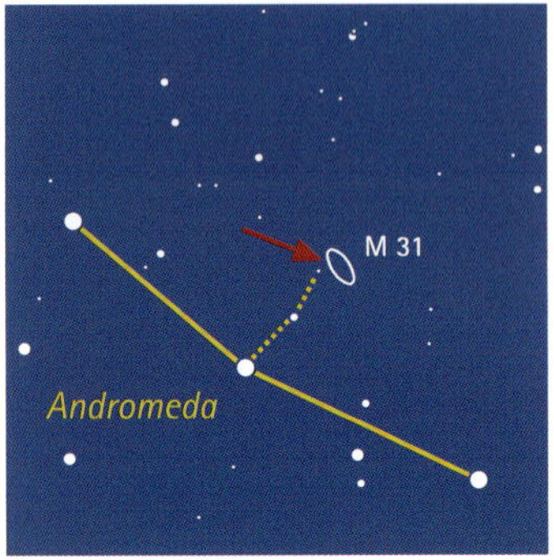

Von den vielen Begleitgalaxien, die M 31 umstehen, sind M 32 und M 110 leicht in kleinen Teleskopen zu sehen. Beides sind elliptische Systeme mit Durchmessern von 2500 und 5000 Lichtjahren, die M 31 umkreisen und durch die Schwerkraft an diese gebunden sind.

M 31 sieht unter dunklem Landhimmel mit bloßem Auge wie ein unscharfer Stern aus. Im Teleskop sollte man zunächst die geringste Vergrößerung wählen, auch um die beiden Begleiter mit im Feld zu haben. M 31 ist ein strukturloser ovaler Nebel mit deutlich hellerem Zentrum, der erste Eindruck kann bei nicht so guten Bedingungen schnell enttäuschend sein. Der Kern lässt sich zu einem fast sternartigen Objekt hochvergrößern. Weitere Einzelheiten zeigt die Galaxie nur bei besten Bedingungen, dann sind verschwommen hellere Gebiete und Dunkelstreifen entlang der Außenkante zu erahnen.

Die Andromedagalaxie ist ein Objekt, das sehr empfindlich auf Lichtverschmutzung reagiert. Von Ortschaften aus ist oft nur die Zentralregion zu sehen, während unter Alpenhimmel ein beeindruckendes Riesenoval von sechsfacher Vollmondgröße zu genießen ist.

Schritt für Schritt aufsuchen:

1. Unterhalb des Himmels-W steht das Sternbild Andromeda, eine Kette von drei hellen Sternen.
2. Vom mittleren Stern geht man nach Norden, wobei man zwei je in gleichem Abstand stehende schwächere Sterne passiert.
3. M 31 steht nordwestlich (»rechts oberhalb«) des zweiten Sterns und ist in dunklen Nächten mit bloßem Auge sichtbar.

Abb. 4-56: Orientierungskarte.

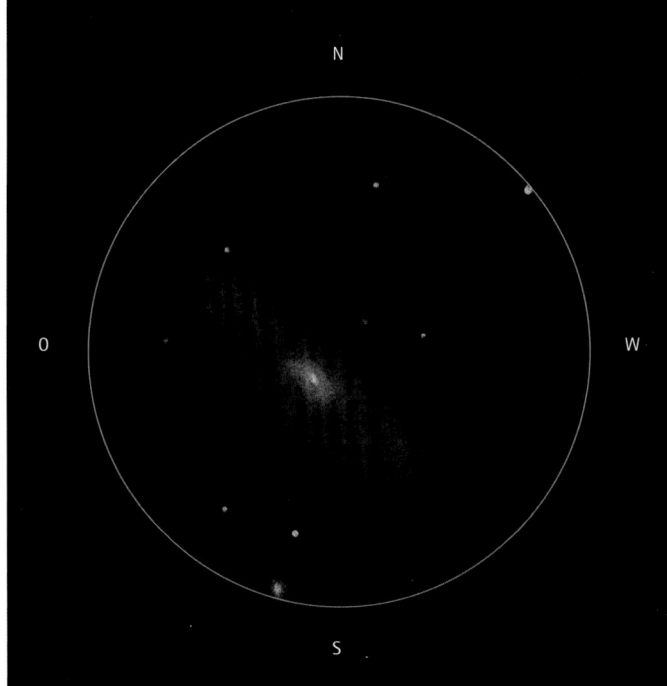

Abb. 4-57: Amateurfoto der Andromedagalaxie.

Abb. 4-58: Zeichnung an einem 114/900mm-Newton bei 36×.

Optimale Aufnahmebrennweite: 300mm–1000mm

Optimale Vergrößerung: 15× Gesamtansicht
                              80× Detailansicht

Strudelgalaxie

Frühling

M 51
- Galaxie
- Sternbild: Jagdhunde
- Helligkeit: 8ᵐ0
- Ausdehnung: 8'
- Entfernung: 27 Millionen Lichtjahre
- Größe: 90 000 Lichtjahre, 160 Milliarden Sonnenmassen

Messier 51 ist ein Paar von sehr weit entfernten Galaxien. Die Hauptgalaxie ist eine schöne Spirale, auf die wir direkt von oben blicken. An einem Spiralarmende hängt die zweite, etwas kleinere Galaxie. Beide Galaxien begegnen sich gerade zufällig und üben dabei starke gegenseitige Wechselwirkungen aus. Dadurch erscheint das Spiralarmmuster der größeren Galaxie etwas deformiert.

Spiralmuster in Galaxien sind sichtbare Sternentstehungsgebiete, also Ansammlungen von Sternhaufen und Nebeln. Sie entstehen entlang von durch die Galaxie laufenden Dichtewellen, die Gaswolken zu Sterngeburtsstätten verdichten. Mit der Drehrichtung der Sterne um das Galaxiezentrum haben sie nichts zu tun.

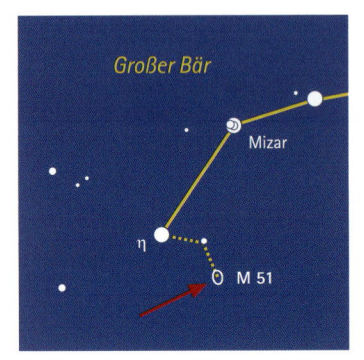

Abb. 4-59: Orientierungskarte.

Die Strudelgalaxie ist ein schwaches und für viele eher enttäuschendes Objekt. Von der gewaltigen Spiralstruktur ist nur in großen Fernrohren von geübten Beobachtern etwas zu sehen. Bei kleiner Vergrößerung erkennt man einen kleinen länglichen Nebelfleck. Deutlicher erkennt man die Doppelnatur des Objektes bei mittlerer Vergrößerung. Der eine Nebel ist doppelt bis dreifach so groß wie sein Begleiter, beide haben aber dieselbe Helligkeit.

Die Strudelgalaxie bietet nur von absolut dunklen und streulichtfreien Beobachtungsplätzen einen befriedigenden Anblick. Jede Lichtverschmutzung zerstört den schwachen Nebeleindruck.

Schritt für Schritt aufsuchen:

1. Ausgangspunkt ist das bekannte Muster des Großen Wagens. Hier wird der erste Deichselstern (η UMa) im Sucher eingestellt.
2. 2° westlich steht ein 5ᵐ heller Stern, den man durch einen Schwenk in Rektaszension einstellt (Deklinationsachse bleibt festgeklemmt).
3. 1,5° südlich steht ein weiterer, noch schwächerer Stern von 7ᵐ Helligkeit. Dazu wird die R. A.-Achse festgezogen und nur die Deklinationsachse bewegt.
4. Die Galaxie steht weniger als einen Vollmonddurchmesser (20') westlich des 7ᵐ-Sterns.

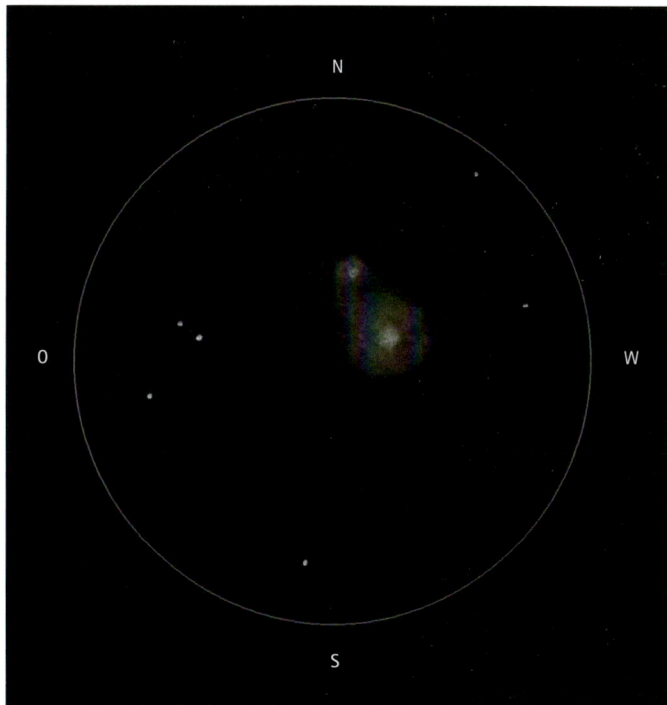

Abb. 4-60: Amateurfoto der Strudelgalaxie.

Abb. 4-61: Zeichnung an einem 114/900mm-Newton bei 56x.

Optimale Aufnahmebrennweite: 2000mm–3000mm

Optimale Vergrößerung: 100× Gesamtansicht
100× Detailansicht

Anhang: Tipps und Tabellen

Tipps für Fernrohr-Besitzer

Allgemein

- Haben Sie Geduld mit sich und Ihrem Fernrohr. Auch das teuerste Instrument zeigt nur soviel, wie es die Erfahrung des Beobachters erlaubt.

- Fragen Sie erfahrene Fernrohrbesitzer oder eine Volkssternwarte/Astroverein um Rat, wenn Sie nicht mehr weiterwissen. Man wird Ihnen gerne unentgeltlich helfen.

- Kaufen Sie sich sinnvolles Zubehör für Ihr Fernrohr. Grundausstattungen reichen meist nur für die ersten Gehversuche.

- Abonnieren Sie eine Zeitschrift für praktische Astronomie und profitieren Sie so von den Tipps und Erfahrungen anderer Sternfreunde. Ergänzend können Sie sich auch in einer Astro-Mailingliste eintragen lassen oder ein Internet-Forum regelmäßig besuchen.

- Schaffen Sie sich eine Literatur-Grundlage. Das kleine Verzeichnis weiter unten gibt einige Anhaltspunkte.

- Beobachten Sie unter dunklem Himmel. Auch wenn es bis zu einer Stunde einfache Fahrtzeit mit dem Auto bedeuten kann, sollte man unter allen Umständen auf das Land fahren, um bessere Beobachtungsbedingungen als in urbanen Regionen zu erreichen.

- Beobachten Sie mit Geduld und Ruhe. Ganz falsch ist es, von einem Objekt zum anderen zu hetzen, und nur kurze wertende Blicke streifen zu lassen. Jedes Objekt verdient es, ausgiebig und geduldig betrachtet zu werden, denn nur so wird die Himmelsbeobachtung zur oft beschriebenen augenöffnenden Offenbarung.

- Lernen Sie sehen. Nicht jeder sieht durch dasselbe Teleskop das Gleiche. Während ein erfahrener Beobachter ein wundervolles Erlebnis beschreibt, mag der Einsteiger nur einen schwachen Eindruck wahrnehmen. Beobachten muss gelernt werden, und das geschieht nur durch Praxis, Praxis, Praxis ...

- Machen Sie es sich bequem. In unseren Breiten ist es nachts oft kalt und windig. Vorsorgen mit Skianzug, Mütze, Schal, heißem Tee und bequemen Beobachtungsstuhl lässt es draußen besser aushalten.

- Geben Sie nicht auf. Gerade in der ersten Zeit erkennt man noch wenig und begreift kaum die Faszination, die von feinen Details und schwachen Objekten ausgeht. Es ist wichtig, sich nicht entmutigen zu lassen, ab einem bestimmten Zeitpunkt wird jede neue Nacht schöner!

- Verbannen Sie Fotos aus dem Gedächtnis. Viele Einsteiger haben die bunten Fotos der Großobservatorien im Kopf, wenn sie zum ersten Mal Himmelsobjekte im Fernrohr sehen – die Enttäuschung ist unvermeidlich. Die Betrachtung von Bildern in Büchern und die Beobachtung am Fernrohr sind zwei grundverschiedene Dinge. Der Reiz liegt darin, mit eigenen Augen ins Weltall vorzustoßen und selbst Zeit und Raum wahrzunehmen.

- Notieren Sie Ihre Erlebnisse. Selbst die berauschendste Beobachtungsnacht gerät in Vergessenheit, wenn man sie nicht dokumentiert. Ein Beobachtungsbuch, in das man Erlebnisse der Nacht und Beschreibungen der beobachteten Himmelsobjekte einträgt, hat sich bewährt.

- Beobachten Sie gemeinsam mit anderen Sternfreunden. Besuchen Sie die nächste Volkssternwarte und erkundigen Sie sich nach den astronomischen Aktivitäten dort.

■ Verbesserungen für Kaufhaus-Teleskope

1. Okularauszug innen »entspiegeln«. Stören Geisterbilder heller Objekte bei der Beobachtung, liegt dies oftmals nicht an der Optik, sondern an Reflexionen im Okularauszug. Man besorgt sich im Bastelhandel oder Baumarkt ein entsprechend großes Röllchen schwarzen Tonpapiers oder Velours-Klebefolie und passt es in den Auszug ein.

2. Okularauszug spielfrei einstellen. Am Okularauszug austretendes Fett deutet auf zu viel Schmiermittel hin. Der Auszug sollte auseinandergebaut, mit Waschbenzin gereinigt und danach mit Vaseline neu geschmiert werden. Die Gängigkeit des Auszuges kann man zusätzlich an zwei kleinen Schrauben auf der Unterseite des Auszuges per Schraubendreher einstellen.

3. Sucherteleskop von Blende befreien. Einfache Sucherfernrohre (vor allem 5×25-Modelle) enthalten oft eine Blende, die die wirksame Öffnung auf wenige mm begrenzt. Durch Abschrauben der Objektivfassung vorne kann man manchmal die Blende entfernen (aufpassen, dass das lose Sucherobjektiv nicht hinunterfällt und wieder korrekt eingebaut wird!).

4. Sucherteleskop durch Peilsucher ersetzen. Kommt man mit dem kleinen Sucher gar nicht zurecht, kann ein Peilgerät Abhilfe schaffen. Ein solches kann man sich selbst bauen (Öse und Kimme zum Anvisieren) oder kaufen. Ab 30 Euro sind Visiere zu erhältlich, die einen roten Laserstrahl (russische Peilgeräte) oder Zielkreise (Telrad) auf den Himmel projizieren. Damit kann man zumindest helle Objekte sekundenschnell einstellen.

5. **Montierungsstabilität erhöhen.** Probleme gibt es oft mit wackeligen Montierungen von Kaufhausteleskopen. Deren Steifheit kann man wesentlich steigern, wenn man sie mit zusätzlichem Gewicht belastet. Gewichte können zum Beispiel direkt unter die Montierung zwischen die Stativbeine gehängt werden. Wenn sie abnehmbar angebracht sind, stören sie auch nicht beim Transport.

6. **Stativstabilität erhöhen.** Auch das Stativ ist oft ein Schwachpunkt. Für maximale Stabilität sollte man es nicht ausziehen, aber die Stativbeine maximal spreizen. Die Stabilität erhöht sich, wenn man statt des Zubehörbleches Ketten als Verbindung wählt, und den Kreuzungspunkt ebenfalls mit einem Gewicht beschwert. Sind die Stativbeine hohl, kann man sie mit Sand füllen, was zwar mehr Transportgewicht, aber deutliche Stabilitätsgewinne bringt.

7. **Gummikappen der Stativfüße abnehmen.** Diese sind oft zur Schonung des Zimmerbodens angebracht. Zur Beobachtung sollte das Teleskop auf den Metallstiften der Stativbeine stehen, die man auf möglichst harten Untergrund stellt.

8. **Sonnenfilter aus Folie basteln.** Objektivsonnenfilter kann man sich leicht selbst herstellen. Im Fachhandel gibt es Sonnenfilterfolie, die man sich zu passender Größe zurechtschneidet. Als Fassung zum Aufstecken auf den Tubus haben sich Stickrahmen bewährt.

9. **Azimutale Gabelmontierung verbessern.** Die Befestigung des Tubus in der Gabel ist oft wackelig. Hier kann man die vorhandenen Klemmschrauben durch Flügelschrauben ersetzen, und zur Verbesserung der Steifheit Kunststoffscheiben unterlegen. Auch die Verbindung von Gabel und Stativkopf kann man durch eine Plastikhülse, die man in den Luftzwischenraum der Achse setzt, verbessern.

10. **Staubschutzkappen aus alten Filmdosen herstellen.** Relativ schnell gehen Staubschutzdeckel des Okularauszuges oder Kappen der Okulare verloren. Aus normalen Filmdosen kann man sich Kappen für 1¼"-Auszüge bauen bzw. diese für 24,5mm-Okulare als Aufbewahrungsbehälter benutzen.

Astro-Bibliothek

Astronomie allgemein:

Spix, L.: Hobby-Astronom in 4 Schritten, Oculum 2010
Umfassende Anleitung für Hobby-Astronomen und solche, die es werden wollen.

Spix, L.: skyscout, Oculum 2012
Praktischer kompakter Führer zu den wichtigsten Sternen und Sternbildern.

Stoyan, R.: Himmelswunder, Oculum 2009
Ein Streifzug durch die Astronomie, mit praktischen Beobachtungstipps.

Teleskope:

Stoyan, R., Gährken, B.: Kauf-Ratgeber Teleskope in 4 Schritten, Oculum 2010
Welches Fernrohr ist für mich geeignet? Dieses Buch erklärt die verschiedenen Konstruktionen, gibt eine Übersicht des Marktes und bietet Ratschläge für den Kauf.

Spix, L.: Fern-Seher, Oculum 2009
Eine Anleitung zum Kauf und Benutzung von Ferngläsern. Mit astronomischen Beobachtungstipps.

Himmelsatlas:

Feiler, M., Noack, P.: Deep Sky Reiseatlas, Oculum 2014
Dieser praktische und übersichtliche Himmelsatlas zeigt alle Sterne bis zur Grenzgröße 7^{m}5. Mehr als 600 Deep-Sky-Objekte sind verzeichnet.

Feiler, M., Schurig, S.: Drehbare Himmelskarte, Oculum 2013
Zu jeder Stunde wissen, wo die Sterne stehen!

Mondatlas:

Stoyan, R., Purucker, H.-G.: Reiseatlas Mond, Oculum 2013
Umfassender Mondatlas für die Beobachtung am Fernrohr.

Deep-Sky-Beobachtung:

Stoyan, R.: Deep Sky Reiseführer, Oculum 2014
Detaillierter Führer zu den 666 schönsten Sternhaufen, Nebeln und Galaxien für kleine Teleskope. Über 300 Zeichnungen zeigen realistisch, was den Beobachter erwartet.

Astrofotografie:

Martin, A., Koch, B.: Digitale Astrofotografie, Oculum 2009
Umfassendes Handbuch zur Fotografie des Himmels.

Zeitschriften:

interstellarum: Zeitschrift für praktische Astronomie (8× jährlich, Oculum-Verlag, Erlangen) – siehe auch Umschlag-Innenseite

Sky & Telescope: Astronomie-Zeitschrift in Englisch (12× jährlich, Sky Publishing, Cambridge, USA)

Software:

Stellarium
Freie Software zur Darstellung des Himmels, kostenlos unter www.stellarium.org

TheSky, Software Bisque
Planetariumssoftware und Sternkartenprogramm in einem, in verschiedenen Versionen nach Umfang und Preis erhältlich

Planetenstellungen 2015–2023

Venus (maximale Elongationen)

2015 Jun 7	östl. Elongation	Abendhimmel
2015 Okt 26	westl. Elongation	Morgenhimmel
2017 Jan 12	östl. Elongation	Abendhimmel
2017 Jun 3	westl. Elongation	Morgenhimmel
2018 Aug 17	östl. Elongation	Abendhimmel
2019 Jan 6	westl. Elongation	Morgenhimmel
2020 Mär 24	östl. Elongation	Abendhimmel
2020 Aug 13	westl. Elongation	Morgenhimmel
2021 Okt 29	östl. Elongation	Abendhimmel
2022 Mär 20	westl. Elongation	Morgenhimmel
2023 Jun 4	östl. Elongation	Abendhimmel
2023 Okt 23	westl. Elongation	Morgenhimmel

Mars (Oppositionen)

2016 Mai 22	Skorpion	76 Mio. km	18,3"
2018 Jul 27	Steinbock	58 Mio. km	24,2"
2020 Okt 14	Fische	63 Mio. km	22,2"
2022 Dez 8	Stier	79 Mio. km	17,2"

Jupiter (Oppositionen)

2015 Feb 6	Krebs	650 Mio. km	45"
2016 Mär 8	Löwe	664 Mio. km	44"
2017 Apr 7	Jungfrau	666 Mio. km	44"
2018 Mai 9	Waage	658 Mio. km	45"
2019 Jun 10	Schlangenträger	641 Mio. km	46"
2020 Jul 14	Schütze	619 Mio. km	48"
2021 Aug 20	Steinbock	599 Mio. km	49"
2022 Sep 26	Fische	586 Mio. km	50"
2023 Nov 3	Widder	591 Mio. km	49"

Saturn (Oppositionen)

2015 Mai 23	Waage	1341 Mio. km	19"
2016 Jun 3	Schlangenträger	1349 Mio. km	19"
2017 Jun 15	Schlangenträger	1353 Mio. km	18"
2018 Jun 27	Schütze	1354 Mio. km	18"
2019 Jul 9	Schütze	1351 Mio. km	19"
2020 Jul 21	Schütze	1342 Mio. km	19"
2021 Aug 2	Steinbock	1334 Mio. km	19"
2022 Aug 14	Steinbock	1322 Mio. km	19"
2023 Aug 27	Wassermann	1307 Mio. km	19"

Astronomische Ereignisse 2015–2030 im deutschen Sprachraum

Mondfinsternisse

2015 Sep 28	4: 47 MESZ	total
2018 Jul 27	22:21 MESZ	total
2019 Jan 21	6:12 MEZ	total
2019 Jul 16	23:30 MESZ	partiell
2022 Mai 16	ab 4:27 MESZ	partiell/total/Monduntergang
2023 Okt 28	22:14 MEZ	partiell
2024 Sep 18	4:44 MESZ	partiell
2025 Mär 14	ab 6:09 MEZ	partiell/Monduntergang
2025 Sep 7	20:11 MESZ	total/Mondaufgang
2026 Aug 28	6:13 MESZ	partiell/Monduntergang
2027 Feb 2	10:13 MEZ	Halbschattenfinsternis
2028 Jan 12	5:13 MEZ	partiell
2028 Jul 6	ab 20:55 MESZ	partiell/Mondaufgang
2028 Dez 31	17:52 MEZ	total
2029 Jun 26	5:22 MESZ	total/Monduntergang
2029 Dez 20	23:42 MEZ	total

Sonnenfinsternisse

2017 Aug 21	20:45 MESZ	3% partiell, in Nordamerika total
2021 Jun 10	12:30 MESZ	10% – 30%, partiell, in Kanada ringförmig
2022 Okt 25	12:15 MESZ	25% – 40%, partiell
2025 Mär 29	12:15 MEZ	15% – 30%, partiell
2026 Aug 12	20:15 MESZ	90%, partiell, Sonnenuntergang, in Nordspanien/Island total
2027 Aug 2	11:10 MESZ	40% – 65%, partiell, in Nordafrika/Gibraltar total
2028 Jan 26	16:50 MEZ	0% – 55%, partiell, in Spanien/Südamerika ringförmig
2029 Jun 12	5:00 MESZ	0% – 20%, partiell, Sonnenaufgang
2030 Jun 1	7:15 MESZ	60% – 75%, partiell, in Nordafrika/Griechenland/Asien ringförmig

Planetenbedeckungen durch den Mond

2016 Sep 30	18:12 MESZ	Jupiter
2019 Feb 2	6:40 MEZ	Saturn
2024 Aug 21	5:03 MESZ	Saturn
2025 Jan 4	18:25 MEZ	Saturn

Venus- und Merkurtransite vor der Sonnenscheibe

2016 Mai 9	13:11–20:37 MESZ	Merkurtransit
2019 Nov 11	13:35–Sonnenuntergang MEZ	Merkurtransit

Die geographischen Koordinaten großer Städte im deutschen Sprachgebiet

Berlin	52,5°N	13,4°O	Hamburg	53,6°N	10,0°O	München	48,1°N	11,6°O
Bremen	53,1°N	8,8°O	Hannover	52,4°N	9,7°O	Münster	52,0°N	7,6°O
Dortmund	51,5°N	7,5°O	Kassel	51,3°N	9,5°O	Nürnberg	49,5°N	11,1°O
Dresden	51,1°N	13,7°O	Köln	50,9°N	7,0°O	Saarbrücken	49,2°N	7,0°O
Düsseldorf	51,2°N	6,8°O	Leipzig	51,3°N	12,4°O	Stuttgart	48,8°N	9,2°O
Erfurt	51,0°N	11,0°O	Innsbruck	47,3°N	11,4°O	Wien	48,2°N	16,3°O
Frankfurt	50,1°N	8,7°O	Magdeburg	52,1°N	11,6°O	Zürich	47,4°N	8,6°O
Graz	47,1°N	15,4°O	Mannheim	49,5°N	8,5°O			

Doppelsterne zum Test des Auflösungsvermögens

Stern	Abstand	Jahr	Test für	Bemerkung	Stern	Abstand	Jahr	Test für	Bemerkung	Stern	Abstand	Jahr	Test für	Bemerkung
γ Ari	7,5"	2015	20mm			2,5"	2020	50mm		γ Vir	2,3"	2015	70mm	Porrima
α Gem	5,0"	2015	30mm	Kastor	57 Cnc	1,6"	2015	80mm			2,9"	2020	50mm	
	5,3"	2020	25mm		ξ UMa	1,8"	2015	70mm			3,5"	2025	40mm	
	5,8"	2025	25mm			2,2"	2020	60mm			3,9"	2030	30mm	
	5,9"	2030	25mm			2,6"	2025	50mm		16 Vul	0,7"	2015	150mm	
ε₁ Lyr	2,2"	2015	50mm	jeweils Komponente des Vierfach-Systems ε Lyrae	ε Ari	1,3"	2015	80mm		ζ Boo	0,5"	2015	250mm	
ε₂ Lyr	2,4"	2015	50mm		ζ Cnc	1,1"	2015	100mm	Dreifachstern	η CrB	0,6"	2015	200mm	nur 42 Jahre Umlaufzeit
μ Dra	2,4"	2015	50mm			1,0"	2030	100mm			0,3"	2020	400mm	
ζ Aqr	2,3"	2015	50mm		52 Ori	1,2"	2015	80mm			0,7"	2026	200mm	

Die hellsten Deep-Sky-Objekte

Objekt	Typ	Sternbild	Helligkeit	Ausdehnung	Entfernung	Größe	Katalogbezeichnung
Albireo	Doppelstern	Schwan	$3^m1 / 5^m1$	35"	390 Lj	630 Mrd. km	β Cygni
Algol	Veränderlicher	Perseus	$2^m1 - 3^m4$	–	93 Lj	–	β Persei
Andomedagalaxie	Galaxie	Andromeda	3^m4	3°	2,5 Mio Lj	160000 Lj	M 31
Crabnebel	Supernova-Überrest	Stier	8^m4	5'	6200 Lj	10 Lj	M 1
h und chi	Offene Sternhaufen	Perseus	$5^m3 / 6^m1$	20' / 25'	8000 Lj	70 Lj	NGC 869, NGC 884
Herkules-Haufen	Kugelsternhaufen	Herkules	5^m7	8'	26000 Lj	100 Lj	M 13
Lagunennebel	Galaktischer Nebel und Sternhaufen	Schütze	5^m8 4^m6	20'	4300 Lj	60×40 Lj	M 8
Mizar/Alkor	Doppelstern	Großer Bär	$2^m3 / 3^m9 / 4^m0$	12' / 14"	80 Lj	340 AE / 0,25 Lj	ζ Ursae Maioris
Orionnebel	Galaktischer Nebel	Orion	3^m5	30'	1300 Lj	15 Lj	M 42
Plejaden	Offener Sternhaufen	Stier	1^m2	1,5°	400 Lj	15 Lj	M 45
Ringnebel	Planetarischer Nebel	Leier	8^m8	1,2'	2300 Lj	0,9 Lj	M 57
Strudelgalaxie	Galaxie	Jagdhunde	8^m0	8'	27 Mio Lj	90000 Lj	M 51

Die Sternbilder

Lat. Name	Abk.	dt. Name	Jahreszeit	Lat. Name	Abk.	dt. Name	Jahreszeit
Andromeda	And	Andromeda	Herbsthimmel	Circinus	Cir	Zirkel	Südhimmel
Antlia	Ant	Luftpumpe	Frühlingshimmel	Columba	Col	Taube	Winterhimmel
Apus	Aps	Paradiesvogel	Südhimmel	Coma Berenices	Com	Haar der Berenike	Frühlingshimmel
Aquarius	Aqr	Wassermann	Herbsthimmel	Corona Australis	CrA	Südliche Krone	Südhimmel
Aquila	Aql	Adler	Sommerhimmel	Corona Borealis	CrB	Nördliche Krone	Frühlingshimmel
Ara	Ara	Altar	Südhimmel	Corvus	Crv	Rabe	Frühlingshimmel
Aries	Ari	Widder	Herbsthimmel	Crater	Crt	Becher	Frühlingshimmel
Auriga	Aur	Fuhrmann	Winterhimmel	Crux	Cru	Kreuz des Südens	Südhimmel
Bootes	Boo	Bärenhüter	Frühlingshimmel	Cygnus	Cyg	Schwan	Sommerhimmel
Caelum	Cae	Grabstichel	Südhimmel	Delphinus	Del	Delphin	Sommerhimmel
Camelopardalis	Cam	Giraffe	Herbsthimmel	Dorado	Dor	Schwertfisch	Südhimmel
Cancer	Cnc	Krebs	Winterhimmel	Draco	Dra	Drache	Frühlingshimmel
Canes Venatici	CVn	Jagdhunde	Frühlingshimmel	Equuleus	Equ	Füllen	Sommerhimmel
Canis Maior	CMa	Großer Hund	Winterhimmel	Eridanus	Eri	Eridanus	Herbsthimmel
Canis Minor	CMi	Kleiner Hund	Winterhimmel	Fornax	For	Ofen	Herbsthimmel
Capricornus	Cap	Steinbock	Sommerhimmel	Gemini	Gem	Zwillinge	Winterhimmel
Carina	Car	Kiel	Südhimmel	Grus	Gru	Kranich	Südhimmel
Cassiopeia	Cas	Kassiopeia	Herbsthimmel	Hercules	Her	Herkules	Sommerhimmel
Centaurus	Cen	Zentaur	Südhimmel	Horologium	Hor	Pendeluhr	Südhimmel
Cepheus	Cep	Kepheus	Herbsthimmel	Hydra	Hya	Wasserschlange	Frühlingshimmel
Cetus	Cet	Walfisch	Herbsthimmel	Hydrus	Hyi	Kleine Wasserschlange	Südhimmel
Chamaeleon	Cha	Chamäleon	Südhimmel	Indus	Ind	Indianer	Südhimmel

Lat. Name	Abk.	dt. Name	Jahreszeit	Lat. Name	Abk.	dt. Name	Jahreszeit
Lacerta	Lac	Eidechse	Herbsthimmel	Piscis Austrinus	PsA	Südlicher Fisch	Herbsthimmel
Leo	Leo	Löwe	Frühlingshimmel	Puppis	Pup	Hinterdeck	Winterhimmel
Leo Minor	LMi	Kleiner Löwe	Frühlingshimmel	Pyxis	Pyx	Kompass	Frühlingshimmel
Lepus	Lep	Hase	Winterhimmel	Reticulum	Ret	Netz	Südhimmel
Libra	Lib	Waage	Frühlingshimmel	Sagitta	Sge	Pfeil	Sommerhimmel
Lupus	Lup	Wolf	Südhimmel	Sagittarius	Sgr	Schütze	Sommerhimmel
Lynx	Lyn	Luchs	Winterhimmel	Scorpius	Sco	Skorpion	Sommerhimmel
Lyra	Lyr	Leier	Sommerhimmel	Sculptor	Scl	Bildhauer	Herbsthimmel
Mensa	Men	Tafelberg	Südhimmel	Scutum	Sct	Schild	Sommerhimmel
Microscopium	Mic	Mikroskop	Südhimmel	Serpens	Ser	Schlange	Sommerhimmel
Monoceros	Mon	Einhorn	Winterhimmel	Sextans	Sex	Sextant	Frühlingshimmel
Musca	Mus	Fliege	Südhimmel	Taurus	Tau	Stier	Winterhimmel
Norma	Nor	Winkelmaß	Südhimmel	Telescopium	Tel	Teleskop	Südhimmel
Octans	Oct	Oktant	Südhimmel	Triangulum	Tri	Dreieck	Herbsthimmel
Ophiuchus	Oph	Schlangenträger	Sommerhimmel	Triangulum Australe	TrA	Südliches Dreieck	Südhimmel
Orion	Ori	Orion	Winterhimmel	Tucana	Tuc	Tukan	Südhimmel
Pavo	Pav	Pfau	Südhimmel	Ursa Maior	UMa	Großer Bär	Frühlingshimmel
Pegasus	Peg	Pegasus	Herbsthimmel	Ursa Minor	UMi	Kleiner Bär	Frühlingshimmel
Perseus	Per	Perseus	Herbsthimmel	Vela	Vel	Segel	Südhimmel
Phoenix	Phe	Phönix	Südhimmel	Virgo	Vir	Jungfrau	Frühlingshimmel
Pictor	Pic	Maler	Südhimmel	Volans	Vol	Fliegender Fisch	Südhimmel
Pisces	Psc	Fische	Herbsthimmel	Vulpecula	Vul	Füchschen	Sommerhimmel

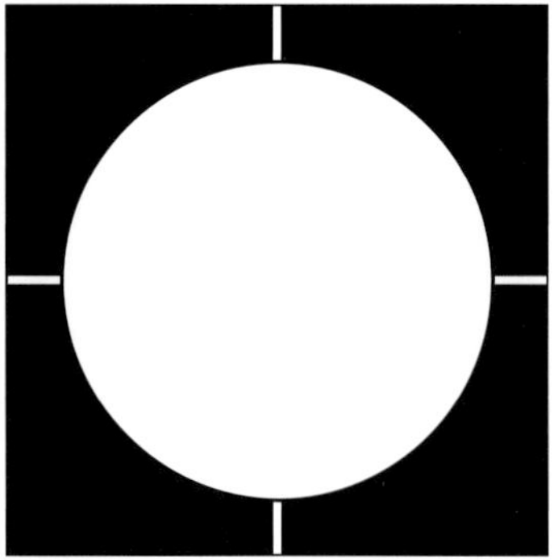

MARS

Nr.

am _____ Zeit (UT): _____

Grenzgröße: _____ Seeing: _____ ZM: _____

Instrument: _____ / _____ bei _____ × Zenitprisma?: _____

Beobachter: _____ Ort: _____

Bemerkung: _____

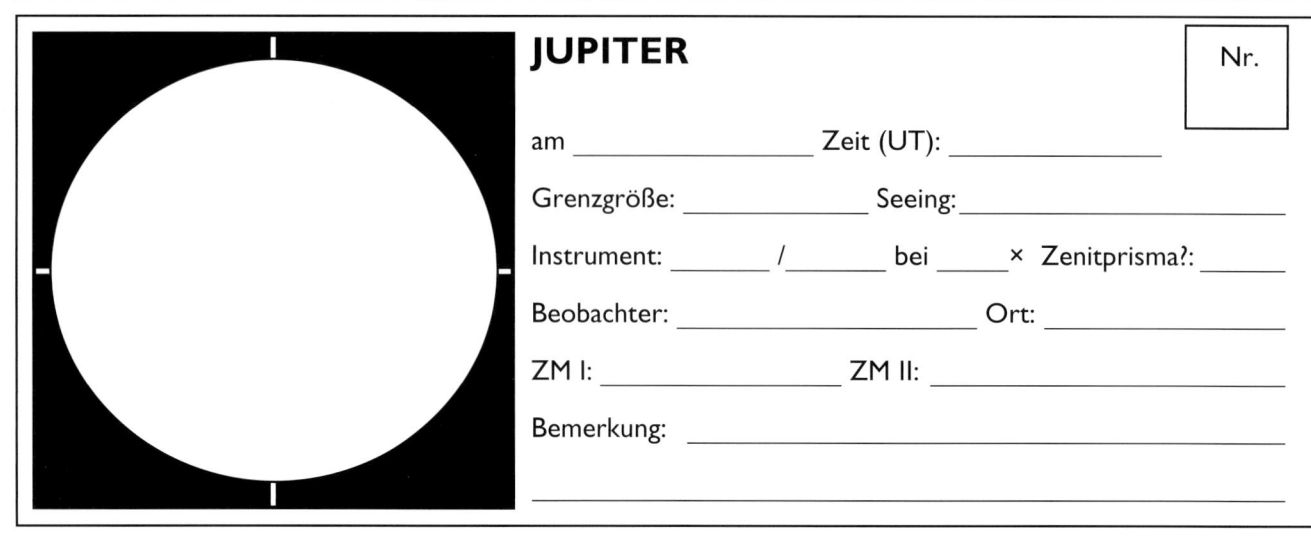

JUPITER

Nr.

am _____ Zeit (UT): _____

Grenzgröße: _____ Seeing: _____

Instrument: _____ / _____ bei _____ × Zenitprisma?: _____

Beobachter: _____ Ort: _____

ZM I: _____ ZM II: _____

Bemerkung: _____

_____

DEEP-SKY-OBJEKT _____

Sternbild: _____ Typ: _____

am _____ Zeit (UT): _____

Grenzgröße: _____ Seeing: _____

Instrument: _____ / _____ bei _____ ×

Beobachter: _____

Beobachtungsort: _____

Filter: _____

Beschreibung: _____

_____

_____

Glossar

Achromat: Linsenkombination, die zwei Farben in einem gemeinsamen Brennpunkt vereinigen kann, üblicherweise aus zwei Linsen

Aberration: Bildfehler, siehe chromatische Aberration und sphärische Aberration

Amiciprisma: Glasprisma, das den Strahlengang um 180° dreht und von der Einfallsrichtung um 45°, 60° oder 90° ablenkt

Apochromat: Linsenkombination, die drei Farben in einem gemeinsamen Brennpunkt vereinigen kann

Astronomische Einheit: Entfernungseinheit im Sonnensystem, bestimmt durch mittlere Entfernung der Erde von der Sonne, entspricht ca. 150 Millionen Kilometern. Abkürzung AE

Austrittspupille: Durchmesser des Lichtbündels, der aus dem Teleskop austritt

Azimut: Horizontrichtung, gezählt von Nord (0° Azimut) über Ost (90°) und Süd (180°) nach West (270°)

Beugungsscheibchen: Abbild, unter der eine punktförmige Lichtquelle (Stern) in einem Teleskop erscheint

Brennweite: Abstand zwischen dem Brennpunkt und dem Hauptpunkt der bilderzeugenden Optik

Bogengrad: 360. Teil des Horizontkreises

Bogenminute: 60. Teil eines Bogengrads

Bogensekunde: 60. Teil einer Bogenminute oder 3600. Teil eines Bogengrads

Chromasie: Farbfehler

Chromatische Aberration: farbige Bildfehler, hervorgerufen durch die unterschiedliche Brechung farbigen Lichts in einer Linse

Deep-Sky: astronomische Objekte außerhalb des Sonnensystems

Deklination: Koordinate des astronomischen Bezugssystems, als Projektion der irdischen Breitenkreise an die gedachte Himmelskugel

Dobson-Montierung: azimutale Montierung für große Spiegelteleskope

Fraunhofer-Objektiv: zweilinsiges achromatisches Objektiv mit Luftspalt

Förderliche Vergrößerung: Vergrößerung, ab der das Auflösungsvermögen des Teleskops genutzt wird

Fokalfotografie: Methode der Astrofotografie, bei der das Teleskopobjektiv als Kameraobjektiv verwendet wird

Goto-Montierung: Computermontierung, die das Ansteuern von Himmelsobjekten per Knopfdruck erlaubt ("Go To"-Befehl)

GPS: Global Positioning System, das amerikanische satellitengestützte Positionsbestimmungssystem

Grenzgröße: Helligkeit des schwächsten noch erkennbaren Sterns

H-alpha-Filter: Sonnenfilter zur Beobachtung der Chromosphäre, zeigt Protuberanzen und Filamente

Katadioptrisches Teleskop: Teleskop, in dem sowohl Linsen als auch Spiegel zur Bilderzeugung eingesetzt werden

Kollimation: genaue Abstimmung der optischen Komponenten eines Teleskops aufeinander

Koma: Bildfehler in Teleskopen, veruracht durch schräg einfallende Lichtstrahlen, führt zu einer kometenartigen Sternfigur

Kometensucher: Refraktor mit geringer Öffnung und großem Öffnungsverhältnis

Leere Vergrößerung: Vergrößerung oberhalb der Maximalvergrößerung, die keinen Gewinn mehr bringt

Lichtjahr: Entfernungseinheit in der Astronomie, bestimmt durch die Strecke, die das Licht in einem Jahr zurücklegt, entspricht ca. 63000 Astronomischen Einheiten oder 9460 Milliarden Kilometer. Abkürzung Lj

Minus-Violett-Filter: Korrektionsfilter zur Unterdrückung des sekundären Spektrums im violetten Spektralbereichs

Nonius: Ablesehilfe für Teilkreise

Objektiv: optisch abbildendes Linsen- oder Spiegelsystem

Objektivfilter: Filter, der vor dem Objektiv bzw. am objektivseitigen Ende des Tubus angebracht wird

Obstruktion: Wirkung von Hindernissen im Strahlengang, insbesondere durch Fangspiegel und ihre Aufhängung bei Spiegelteleskopen

Öffnung: Durchmesser der Objektivlinse bzw. des Hauptspiegels

Öffnungsfehler: siehe sphärische Aberration

Öffnungsverhältnis: Quotient aus Öffnung / Brennweite

Okular: Linsensystem, mit dem das Brennpunktbild eines Teleskops betrachtet wird

Okularfilter: Filter, der in das Okular eingeschraubt wird

Okularprojektion: Methode der Astrofotografie, bei der durch das mit einem Okular bestückte Teleskop fotografiert wird

Parallaktische Montierung: Montierung, die im astronomischen Bezugsystems aufgestellt ist

PEC: Periodic Error Correction, programmierbare Korrektur des periodischen Fehlers von parallaktischen Montierungen

Piggypack-Fotografie: Methode der Astrofotografie, bei der die Kamera mit eigenem Objektiv auf das Teleskop aufgesattelt wird

Refraktor: Linsenteleskop

Reflektor: Spiegelteleskop

Rektaszension: Koordinate des astronomischen Bezugsystems, als Projektion der irdischen Längenkreise an die gedachte Himmelskugel

Seeing: Zustand des Bildes im Teleskopokular, vor allem Abhängig von der Luftunruhe der Atmosphäre

Spektrum: Restfarbfehler eines Fernrohrobjektivs, siehe auch chromatische Aberration

Sphärische Aberration: nichtfarbige Bildfehler, hervorgerufen durch von der Idealform abweichende Oberflächen einer Optik

Sternzeit: Rektaszension des R.A.-Kreises, der gerade genau in der Südrichtung steht

Strehl-Wert: Wert, der die Abweichung von der Idealform einer Optik quantifiziert

Stundenwinkel: Abstand in Rektaszension zur Südrichtung, entspricht der Differenz Sternzeit - Rektaszension

Verzeichnung: geometrischer Abbildungsfehler, führt zur nicht maßstabsgerechten Abbildung

Zenitprisma: Glasprisma, das den Strahlengang um 90° spiegelt und von der Einfallsrichtung um 90° ablenkt

Stichwortverzeichnis

Achromat	4f, 30
Adapter	23, 26, 40, 90f
Albireo	132f
Algol	128f
Alkor	130f
Amiciprisma	29
Andromedagalaxie	140f
Apochromat	5f
Astigmatismus	57, 60
Aufbauen	71ff
Auflösungsvermögen	46, 50f
Augenabstand	27
Ausbalancieren	71
Ausrichten	73ff
Austrittspupille	23, 45, 49f
Azimutale Montierung	10ff
Barlowlinse	30
Bayer-Buchstaben	98
Beobachtungsplatz	68
Beugungsscheibchen	50, 55, 57
Bildfehler	57f
Bildorientierung	28
Binokularansatz	27
Brennweite	44ff
Cassegrain-Teleskop	6
CCD-Kamera	38
Cheshire-Okular	63
Chromatische Aberration	57
Crabnebel	134f

Deep-Sky-Objekte	119ff, 151
Deutsche Montierung	13ff
Differenzkoordinaten	79
Digitalkamera	37
Dobson-Montierung	11f
Effektiver Kontrastdurchmesser	58
Eigengesichtsfeld	23, 81
Einnorden	73f
Elektronisches Okular	26
Entfernung	96
Erfle-Okular	22f
Fadenkreuzokular	25, 89
Farbfehler	31, 57f
Farbfilter	31
Flamsteed-Nummern	98
Filter	31ff
Fokalfotografie	40
Fokalreduzierer	30
Fotografie	88ff
Gabelmontierung	10ff, 14ff
Gesichtsfeld	81
Goto-Steuerung	21, 75, 80
GPS-Teleskop	21, 75, 80
Grenzgröße	47f
h und chi	124f
H-alpha-Filter	35
Helligkeit	96f
Herkuleshaufen	138f
Homofokalität	24

Huygens-Okular	22
Indirektes Sehen	83
Initialisierung	75
Jupiter	112f
Justage	61ff
Kamera-Adapter	40f
Katadioptrische Teleskope	8f
Kellner-Okular	22f
Kleinplaneten	116
Kollimation	61ff
Koma	57
Kometen	117f
Kontrastfilter	31
Kontrastleistung	55
Korrektor	42
Krebsnebel	134f
Lagunennebel	122f
Laser	63
Leere Vergrößerung	53
Leitfernrohr	42
Lichtsammelvermögen	47f
Lichtverschmutzung	47, 68
Lichtweg	24
Maksutov-Teleskop	8f
Mars	87, 110f
Menschliches Auge	49, 83f
Merkur	108
Messier-Katalog	98
Mess-Okular	25

Mizar	130	Plössl-Okular	22	Strichspuraufnahme	88
Mond	100ff	Polbock	73	Strudelgalaxie	142f
Mondfilter	31	Polsucher	15, 73f	Sucherteleskop	17
Nachführung	19f	Reduzierhülse	26	T2-System	26
Nachführmotor	19	Reduzierlinse	42	Taukappe	18
Nebelfilter	31	Reflektivität	56	Teilkreise	14, 77f
Neptun	116	Reflektor	6f	Teleskopisches Sehen	83
Neutralfilter	31	Refraktor	4f	Transmission	56
Newton-Teleskop	6f	Reinigung	64	Überkorrektur	60
NGC-Katalog	98	Ringnebel	136	Umkehrlinse	30
Nomenklatur	98	Rohrverkürzung	24	Unterkorrektur	60
Nonius	78	Saturn	114f	Uranus	116
Oberflächenqualität	58	Scheiner-Methode	74	Venus	109
Obstruktion	55	Schmidt-Cassegrain-Teleskop	8	Vergrößerung	52ff
Off-Axis-Guider	42f	Seeing	54	Verzeichnung	57
Öffnung	44	Shapleylinse	42	Vibrationsdämpfer	18
Öffnungsverhältnis	45	Sonne	104ff	Videoastronomie	93f
Okular	22ff	Sonnenfilter	33ff	Visiereinrichtung	17
Okularfilter	31f	Sonnenprisma	35	Wahrnehmungsfähigkeit	83
Okularprojektion	91	Sonnenprojektion	33	Webcam	38, 93
Optikfehler	60	Sonnensystem	99ff	Weitwinkel-Okulare	22
Orionnebel	120f	Sphärische Aberration	7, 60	Zeichnen	85ff
Orthoskopisches Okular	22	Starhopping	76f	Zenitprisma	29
Packliste	67	Stativ	16	Zenitspiegel	29
Parallaktische Montierung	13ff	Steckhülse	22	Zoom-Okular	26
Peilsucher	17	Sternbilder	98	Zwergplaneten	116
Periodischer Fehler	20	Sterntest	60		
Piggyback-Fotografie	39, 89	Sternzeit	78		
Plejaden	126f	Steuerung	20		

Bildnachweis:

Alle Grafiken und Fotos: Oculum-Verlag/interstellarum mit Ausnahme von:
Peter Bresseler: 3-3, Canon: 1-42, Celestron International: 1-22, 1-35oben, Wolfgang Fischer: 4-45, Jörg Hartmann: 4-17, Philipp Reza Heck: 3-2, Berhard Hubl: 3-8, 4-34, Intercon Spacetec: 1-12rechts, 1-17links, 1-27oben, 1-30, 1-40, 1-45unten, 1-48, 1-49oben, 2-13, Thomas Jäger: 3-1, 3-21links, 4-37, Rückseite-4, Erich Kopowski: 4-7, 4-8, 4-9, Bernd Liebscher: 4-14, Axel Martin: 3-6, Meade Instruments Europe: 1-4, 1-5, 1-10, 1-16rechts, 1-18links, 1-19, 1-20, 1-24, 1-25oben, 1-27links, 1-28, 1-29, 1-36, 1-37, 1-41unten, 1-44, 1-45oben, 1-46, 1-47links, 1-49unten, 1-50unten, Rückseite-1, Thomas Michna: 3-24, Frank Möller: 1-38, Thomas Rattei: 3-23, Gerald Rehmann: 4-25, Klaus Rüpplein: 4-31, Rückseite-3, Sky-Watcher/Astro-Versand: 1-9, 1-12links, 1-13rechts, 1-15links, 1-17rechts, 1-21oben, 1-33, 1-35unten, 1-43, Ronald Stoyan: 2-3, 3-13, 3-15, 3-16, 3-17, 3-25, 4-15, 4-16unten, 4-19, 4-29, 4-32, 4-35, 4-38, 4-43, 4-46, 4-49, 4-52, 4-55, 4-58, 4-61, Sebastian Voltmer: 3-18, 3-19, 3-21rechts, 4-5, 4-6, 4-10, 4-13, 4-20, 4-22unten, 4-24, 4-26, 4-28, 4-57, Stephan Schurig: 3-5, 3-7, 3-10, Vixen Europe: 1-1, 1-7, 1-13links, 1-15rechts, 1-16links, 1-18rechts, 1-21unten, 1-23, 1-39, 1-47rechts, 1-50rechts, Mario Weigand: Titel, 4-1, 4-3, 4-4, 4-11, 4-12, 4-16oben, 4-23, Peter Wienerroither: 4-2, Magnus Zwick: 4-18, 4-48, 4-51, 4-54, 4-60, Rückseite-2

Impressum:

© 2003 Oculum-Verlag Ronald Stoyan, Erlangen

7. aktualisierte Auflage
© 2015 Oculum-Verlag GmbH, Erlangen
E-Mail: info@oculum.de, Internet: www.oculum.de

Dieses Werk inklusive all seiner Bestandteile ist urheberrechtlich geschützt. Jede Reproduktion, Scan, Vervielfältigung, digitale Speicherung und Wiedergabe, insbesondere auch im Internet, auch nur auszugsweise und von einzelnen Abbildungen und Grafiken, bedarf wenigstens der ausdrücklichen schriftlichen Genehmigung des Verlages. Zuwiderhandlungen unterliegen den Strafbestimmungen des Urheberrechtsgesetzes.

ISBN 978-3-938469-81-1

Haftungsausschluss:

Autor und Verlag übernehmen keinerlei Gewähr für die Aktualität, Korrektheit, Vollständigkeit oder Qualität der Informationen. Haftungsansprüche gegen den Autor oder den Verlag, welche sich auf Schäden materieller oder ideeller Art beziehen, die durch die Nutzung oder Nichtnutzung der dargebotenen Informationen bzw. durch die Nutzung fehlerhafter und unvollständiger Informationen verursacht wurden, sind grundsätzlich ausgeschlossen. Markennamen und Handelsbezeichnungen sind, auch wenn nicht als solche kenntlich gemacht, Eigentum der jeweiligen Markeninhaber.